U0320757

湖湘自然历

Natural Calendar of Hunan

湖南日报社——编著

CTS HK 湖南科学技术出版社

前言 Preface

春天，水面正变得越来越开阔。苏醒的湿地上，冬候鸟留恋着温暖的湖水，潜藏越冬的鱼类拥有了更大的水域，小麋鹿正在长出新的鹿角，江豚日益活跃起来，准备迎接新一个恋爱的季节……

这里是洞庭，这里是湖南。

处于北纬30度黄金线附近的湖南，物华天宝，自然资源得天独厚。一江一湖，三山四水，从洞庭湖湿地到南山草原，从武陵—雪峰山脉到南岭—罗霄山脉，多样的生态环境，孕育了极为丰富的生物多样性，是长江经济带不可替代的生态安全屏障、世界同纬度地带最有价值的生态功能区。

生态湖湘，万类竞生。最新发布的《湖南省生物多样性白皮书》显示，湖南省已记录有脊椎动物1045种，占全国的22.1%。其中国家重点保护野生动物179种，包含华南虎、林麝、麋鹿、长江江豚、中华秋沙鸭、黄腹角雉等国家一级重点保护野生动物41种，黑熊、小白额雁、鸳鸯、红腹锦鸡、黄缘闭壳龟、大鲵、中华虎凤蝶等国家二级重点保护野生动物 138 种。湖南省已记录维管束植物 6186 种（含种下等级），约占全国的 18%，其中国家重点保护野生植物 160 种，包含国家一级重点保护野生植物 13 种，国家二级重点保护野生植物 147 种。

在这个万木欣欣的春天，我们为大家带来这本《湖湘自然历》，以 24 节气 72 物候为线索，展示湖南的生物多样性，传播人与自然和谐相处的生态文明观，呈现魅力中国的自然之美。全书收录了 118 种植物、114 种动物、6 种真菌，有珍稀濒危物种，也有常见花鸟、乡土树种，每一种，都是我们走近自然认识湖南的一个窗口。

“人的存在不是孤立的，它有赖于其他生命和整个世界的和谐。”让我们翻开书，跟着节气的步伐，从认识我们身边的动植物邻居开始，一起感受生物多样性之美，领受自然对湖湘的这份馈赠。

目录

Contents

第一章　立春 001

一候　东风解冻　梅 / 002　来江藤 / 004　钟花樱桃 / 005

二候　蛰虫始振　大麻鳽 / 006　鸳鸯 / 008　红腹锦鸡 / 009

三候　鱼陟负冰　贴梗海棠 / 010　檫木 / 012　春兰 / 013

第二章　雨水 014

一候　獭祭鱼　棕背伯劳 / 016　海南鳽 / 018　黑脸琵鹭 / 019

二候　鸿雁来　白枕鹤 / 020　凤头鹏鹛 / 022　黄腹山雀 / 023

三候　草木萌动　紫叶李 / 024　蒌蒿 / 026　垂丝海棠 / 027

第三章　惊蛰 028

一候　桃始华　桃 / 030　油菜 / 032　稻槎菜 / 033

二候　仓庚鸣　寿带 / 034　蓝喉歌鸲 / 036　画眉 / 037

三候　鹰化为鸠　香樟 / 038　桑 / 040　南方红豆杉 / 041

第四章　春分 042

一候　元鸟至　棉凫 / 044　苍鹭 / 046　勺鸡 / 047

二候　雷乃发声　香椿 / 048　紫荆 / 050　乐昌含笑 / 051

三候　始电　红花檵木 / 052　金钱松 / 054　赤皮青冈 / 055

第五章　清明 056

一候 桐始华　梧桐 / 058　闽楠 / 060　水杉 / 061
二候 田鼠化为鴽　珙桐 / 062　长果安息香 / 064　紫玉兰 / 065
三候 虹始见　络石 / 066　海桐 / 068　山莓 / 069

第六章　谷雨 070

一候 萍始生　荇菜 / 072　诸葛菜 / 074　紫藤 / 075
二候 鸣鸠拂其羽　杜鹃 / 076　木鱼坪淫羊藿 / 078　油点草 / 079
三候 戴胜降于桑　戴胜 / 080　白胸苦恶鸟 / 082　紫水鸡 / 083

第七章　立夏 084

一候 蝼蝈鸣　中华虎凤蝶 / 086　青凤蝶 / 088　大绢斑蝶 / 089
二候 蚯蚓出　绿凤蝶 / 090　孔翼眼蝶 / 092　美凤蝶 / 093
三候 王瓜生　绒毛皂荚 / 094　水松 / 096　落叶木莲 / 097

第八章　小满 098

一候 苦菜秀　大黄花虾脊兰 / 100　莨山唇柱苣苔 / 102　半枫荷 / 103
二候 靡草死　珠颈斑鸠 / 104　斑头鸺鹠 / 106　白喉噪鹛 / 107
三候 麦秋至　绣球 / 108　绶草 / 110　红花酢浆草 / 111

第九章　芒种 112

一候 螳螂生　螳螂 / 114　异色瓢虫 / 116　水黾 / 117
二候 鵙始鸣　金银花 / 118　千屈菜 / 120　水烛 / 121
三候 反舌无声　红花木莲 / 122　射干 / 124　叶子花 / 125

第十章 夏至 126

一候 鹿角解 荷花 / 128 合欢 / 130 萱草 / 131
二候 蝉始鸣 黑蚱蝉 / 132 草蛉 / 134 蜉蝣 / 135
三候 半夏生 半夏 / 136 夏枯草 / 138 金丝梅 / 139

第十一章 小暑 140

一候 温风至 紫薇 / 142 向日葵 / 144 蝴蝶兰 / 145
二候 蟋蟀居宇 蜻蜓 / 146 小叶龙蝽 / 148 叶甲 / 149
三候 鹰始鸷 豆娘 / 150 广翅蜡蝉 / 152 螽斯 / 153

第十二章 大暑 154

一候 腐草为萤 美人蕉 / 156 白车轴草 / 158 鱼腥草 / 159
二候 土润溽暑 红脊长蝽 / 160 中华扁锹甲 / 162 蚱蜢 / 163
三候 大雨时行 彩鹬 / 164 池鹭 / 166 斑鱼狗 / 167

第十三章 立秋 168

一候 凉风至 环颈雉 / 170 绿鹭 / 172 灰脸鵟鹰 / 173
二候 白露生 大鹰鹃 / 174 橙腹叶鹎 / 176 麻雀 / 177
三候 寒蝉鸣 仙八色鸫 / 178 黑枕黄鹂 / 180 蓝翡翠 / 181

第十四章 处暑 182

一候 鹰乃祭鸟 小䴙䴘 / 184 大嘴乌鸦 / 186 白眉姬鹟 / 187
二候 天地始肃 变绿杯盘菌 / 188 黑柄炭角菌 / 190 鹿花菌 / 191
三候 禾乃登 西方肉杯菌 / 192 羊肚菌 / 194 蝉花 / 195

第十五章　白露 196

一候 鸿雁来　夜鹭 / 198　白顶溪鸲 / 200　金眶鸻 / 201

二候 玄鸟归　黑卷尾 / 202　灰卷尾 / 204　凤头鹰 / 205

三候 群鸟养羞　金灯藤 / 206　北美独行菜 / 208　一年蓬 / 209

第十六章　秋分 210

一候 雷始收声　凤头麦鸡 / 212　鹊鸲 / 214　普通夜鹰 / 215

二候 蛰虫坯户　加拿大一枝黄花 / 216　马缨丹 / 218　凤眼莲 / 219

三候 水始涸　土人参 / 220　美洲商陆 / 222　藿香蓟 / 223

第十七章　寒露 224

一候 鸿雁来宾　松鸦 / 226　白鹡鸰 / 228　斑文鸟 / 229

二候 雀入大水为蛤　木芙蓉 / 230　建兰 / 232　穗花牡荆 / 233

三候 菊有黄华　国庆菊 / 234　木槿 / 236　万寿菊 / 237

第十八章　霜降 238

一候 豺乃祭兽　白腰文鸟 / 240　黄臀鹎 / 242　黄斑苇鳽 / 243

二候 草木黄落　一串红 / 244　秋海棠 / 246　韭莲 / 247

三候 蛰虫咸俯　红千层 / 248　鸭跖草 / 250　蛇莓 / 251

第十九章　立冬 252

一候 水始冰　棕头鸦雀 / 254　大杜鹃 / 256　红胁蓝尾鸲 / 257

二候 地始冰　银杏 / 258　枫香 / 260　鸡爪槭 / 261

三候 雉入大水为蜃　乌桕 / 262　二球悬铃木 / 264　无患子 / 265

第二十章 小雪 266

一候 虹藏不见 四声杜鹃 / 268 三宝鸟 / 270 蚁䴕 / 271

二候 天腾地降 鹅掌楸 / 272 黄栌 / 274 楤木 / 275

三候 闭塞成冬 楝 / 276 苏铁 / 278 常山 / 279

第二十一章 大雪 280

一候 鹖鸥不鸣 琉璃蛱蝶 / 282 黄钩蛱蝶 / 284 宽边黄粉蝶 / 285

二候 虎始交 黑鹳 / 286 彩鹮 / 288 普通鸬鹚 / 289

三候 荔挺出 小天鹅 / 290 灰雁 / 292 骨顶鸡 / 293

第二十二章 冬至 294

一候 蚯蚓结 枸骨 / 296 火棘 / 298 褐毛杜英 / 299

二候 麋角解 斑嘴鸭 / 300 白眼潜鸭 / 302 赤膀鸭 / 303

三候 水泉动 鹌鹑 / 304 灰鹤 / 306 燕雀 / 307

第二十三章 小寒 308

一候 雁北乡 喜树 / 310 蜡梅 / 312 山胡椒 / 313

二候 鹊始巢 中华秋沙鸭 / 314 丝光椋鸟 / 316 鹗 / 317

三候 雉始鸲 东方白鹳 / 318 鸿雁 / 320 斑尾塍鹬 / 321

第二十四章 大寒 322

一候 鸡乳 柿子 / 324 南天竹 / 326 枳椇 / 327

二候 征鸟厉疾 普通鵟 / 328 游隼 / 330 雀鹰 / 331

三候 水泽腹坚 长江江豚 / 332 红嘴相思鸟 / 334 洞庭麋鹿 / 335

后记 336

叉尾太阳鸟

钟花樱开了，
叉尾太阳鸟逐花而至，
悬飞吸蜜，饱食终日。

【图】张京明

Part.1 第一章 立春

立春一日，水暖三分。

此时刻开得最盛的是梅花。

对于江南而言，梅花一开，真正的春天也就不远了。

檫木在早春的山林间浮起满树明黄，

钟花樱桃迎着料峭寒风次第开放了。

洞庭湖的水鸟还在优游度日，山间，各类林鸟渐渐活跃起来。

一候 东风解冻

梅花一开，
真正的春天就不远了。

立春节气，问梅消息

立春，梅花进入盛花期，满树繁花，是雨雪过后的悄然春色。对于江南而言，梅花一开，真正的春天也就不远了。

梅花原产于我国南方，应用于园林栽培由来已久，大江南北均有栽种，但赏梅最为集中的地带还是江南地区。从前湖南应该有很多梅树，现在还有很多带“梅”字的地名，以前有品质的老宅子，也都要种梅树。

后来，民间种梅的传统就渐渐断了。20 世纪八九十年代，果梅倒是种了不少，梅作为经济作物存在，其观赏性退居其次。普通人家里，热爱种大花，如月季、菊花、茉莉等，种梅的可谓极少，大约嫌它花小、不够热闹，有些“苦寒”之气。

其实说起来，梅花反倒是一种有福气的花，因其花有五瓣，也称“梅开五福”。

栽培的梅花少见，野生的梅树就更少了。湖南省内野生梅树发现得较多的是在湘西北高海拔山区，大部分梅花在湖南的城市和丘陵地区并不太适应，尤其是长沙，夏天气温太高，影响了梅树的生存质量，几乎看不到野生的梅树。

【小名片】
梅，蔷薇科杏属落叶小乔木或灌木。树皮浅灰色或带绿色，叶片卵形或椭圆形，花瓣倒卵形，白色至粉红色。花期冬春季，果期 5—6 月。

【寻访坐标】湖南省森林植物园、橘洲公园、晓园公园、长沙市园林生态园

【文】周月桂 【图】张京明

湖南省森林植物园于 2014 年才真正开始引进梅花种苗进行规模种植，此外，长沙人熟知的赏梅去处还有橘洲公园、晓园公园、长沙市园林生态园，以及不太为人知的湖南省园艺研究所、长沙市生态苗圃等。

等春天来的时候，也许我们可以去买一株梅花树苗，种在庭前，寻回一份清雅古意。又或许我们内心想要寻找的，更是那些在山林水际有着一腔清香和一树虬枝的野梅。

来江藤 | 每一朵小花都是一个甜蜜的吻 |

来江藤花期 11 月至翌年 2 月，有性感漂亮的橙红色唇形花冠，奇特、艳丽。花冠呈 2 唇形，上唇宽大，2 裂，下唇短小，3 裂，肥肥的花萼宽钟形，花冠从花萼中扯出，吮吸花冠筒尾部，会吸到一股甜甜的蜜汁，难怪它的小名常常带个“蜜”字：蜜糖罐、蜜桶花、蜜札札、

【小名片】
来江藤，属玄参科（APG 系统归入列当科）来江藤属常绿灌木。来江藤不但可以开发作为观花植物，而且全株还可以入药。

【寻访坐标】湖南林业科技大学

【文 / 图】徐永福

蜂糖花……

来江藤是冬季不可多得的观花灌木，在湖南主要分布于湘西北，其他地方少，湘南分布有同属植物岭南来江藤，和来江藤很像，不过花是黄色的。

钟花樱桃 | 谁是寒风中最早的樱？|

钟花樱桃迎着料峭寒风次第开放了。钟花樱桃，又叫寒绯樱、福建山樱花，是国内一年中最早开放的樱花之一。盛开的钟花樱桃，花萼似钟，连红色花瓣一起朝下呈吊钟状，故名钟花樱桃。2 月的天气，乍暖还寒，红色花朵迎寒而开，故又称寒绯樱。因钟花樱桃模式标本采自福建，也称福建山樱花。花色绯红至粉红，花型有单瓣和重瓣之分。

【小名片】

钟花樱桃，属蔷薇科樱属落叶乔木或灌木。花期 2—3 月，果期 4—5 月。产华东、华南及台湾，日本、越南亦产，生于海拔 100～600 米山谷疏林中及林缘。

【寻访坐标】湖南省森林植物园

【文 / 图】徐永福

二候
蛰虫始振
当身处芦苇丛时，
它就隐身了。
大麻鳽

[jiān]？[qiān]？[yán]？

看到大麻鳽这个名字，第一反应是鳽字读啥。鸟友们对它的称呼也颇为混乱，有读 [jiān] 的，也有读 [qiān][yán] 的，读得最多的是 [jiān]。

大麻鳽是鹭科的成员，翻字典，发现鳽读 [jiān] 时表示鹭科鸟的通称。也有老师指出，大麻鳽的鳽字其实原本是“千干鸟”三字合在一起，音 [yán]，现在已经见不到此字，变成“开鸟”两字合体，读 [jiān]。

简单地说，大麻鳽的最后一个字，过去念 [yán]，但现在念 [jiān]，都没毛病，但也有人念 [qiān]，不知道什么道理，你们高兴就好吧。

大麻鳽作为鹭科鸟类，和苗条的白鹭、苍鹭比起来，长得有点奇怪，腿和脖子又短又粗，又喜欢缩着脖子，看起来有点畏畏缩缩。浑身羽毛的底色基本是土黄色，加上深色纹路，当它隐藏在芦苇丛中时，就像穿了一身迷彩服。

大麻鳽多在晨昏时段活动，白天多隐蔽在水边芦苇丛和草丛中，有时亦见白天在沼泽草地上活动。受惊时常在草丛或芦苇丛

【小名片】

大麻鳽，是鹈形目鹭科鸟类。顶冠黑色，颏及喉白且其边缘接明显的黑色颊纹。头侧金色，其余体羽多具黑色纵纹及杂斑。除繁殖期外常单独活动，秋季迁徙季节也集成 5～8 只的小群。

【寻访坐标】长沙郊外稻田

【文】周月桂 【图】张京明

站立不动，头、颈向上垂直伸直、嘴尖朝向天空，和四周的枯草、芦苇融为一体，不注意很难辨别，即至人走到跟前，不得已时才起飞。

大麻鳽在湖南属不甚常见的冬候鸟，主要越冬在洞庭湖区，在长沙和怀化地区也有记录。

鸳鸯 | 春日迟迟，鸳鸯水暖 |

春日迟迟，风轻水暖，愿作鸳鸯不羡仙。在湖南，鸳鸯一直被视作冬候鸟，常选择在湖南省主要山区河流和大型水库越冬，越冬种群数量从数十只至数百只不等。近年来，湖南通道玉带河国家湿地公园内观测到了野生鸳鸯繁殖及幼鸟，这也是湖南省境内野生鸳鸯繁殖的首例实证。

【小名片】
鸳鸯，别名官鸭、匹鸟，属雁形目鸭科中型偏小的鸭类。雌雄异色。鸳鸯属国家二级重点保护野生动物，主要栖息于沿岸多森林的河流、湖泊、水库中。
【寻访坐标】通道玉带河国家湿地公园
【文】彭可心 【图】张京明

红腹锦鸡 | 所有的日子都要很骄傲、很精彩 |

红腹锦鸡的雄鸟无疑是“浓颜”系美鸟，它是色彩最为艳丽的雉类，体态优雅，步履轻盈，金色的丝状羽冠，长长的骄傲尾羽……古人以锦鸡为原型，想象出了寓意吉祥的凤凰。红腹锦鸡魅力不凡，正日益成为中国国鸟最有实力的竞争者。山区百姓常捡拾林间红腹锦鸡散落的尾羽，作为装饰品放置于家中。

红腹锦鸡属中国特有鸟类和国家二级重点保护野生动物，其核心分布区在甘肃和陕西南部的秦岭地区，据传陕西省宝鸡市的名字就得自本物种。

【小名片】
红腹锦鸡又名金鸡，雉科锦鸡属动物，中国特有种，国家二级重点保护野生动物。在湖南主要分布于湘西北的武陵山脉与湘西的雪峰山脉，野生种群尚有一定的规模。

【寻访坐标】武陵山脉、雪峰山脉

【文】周月桂 【图】张京明

三候

鱼陟负冰

给我一张海棠红啊海棠红，
血一样的海棠红。

贴梗海棠

海棠红是种什么样的红

长沙城的贴梗海棠早早开了，花色猩红。

海棠花大多为深粉浅绯胭脂色，温柔富贵，贴梗海棠红得最深，如血如火。

余光中先生的名诗《乡愁四韵》中有“给我一张海棠红啊海棠红，血一样的海棠红”，这样的海棠红，只有贴梗海棠配得上。

陆游诗:“碧鸡海棠天下绝，枝枝似染猩猩血。”这“猩猩血”也该是富艳惊心的贴梗海棠。

海棠花是我国对很多种植物的俗称，有西府海棠、贴梗海棠、垂丝海棠、木瓜海棠、四季海棠等，大多是苹果属和木瓜属植物，而贴梗海棠属于木瓜属。

古人认为最上品的是西府海棠，要到清明节气期间才是盛花期，花开前花蕾深红，花开后渐开渐淡。宋人沈立在《海棠记》中写道:“初极红，如胭脂点点然，及开则渐成缬晕，至落则若宿妆淡粉矣”，说的当是西府海棠。

木瓜属和苹果属海棠的最大区别是：木瓜海棠和贴梗海棠的花萼是贴着花枝生的，几乎无梗；而西府海棠和垂丝海棠都有明

【小名片】
贴梗海棠的中文学名为皱皮木瓜，是蔷薇科木瓜属落叶灌木。高达2米，枝条直立开展，有刺；冬芽三角卵形，先端急尖，紫褐色；叶片卵形至椭圆形；花先叶开放，3~5朵簇生于二年生老枝上。产于陕西、甘肃、四川、贵州、云南、广东等省区，缅甸亦有分布。

【寻访坐标】各处公园、小区

【文】周月桂 【图】张京明

显的花梗。

海棠也是有恨的。北宋名士彭渊材称:“吾平生无所恨，所恨者五事耳，第一恨鲥鱼多骨，第二恨金橘太酸，第三恨莼菜性冷，第四恨海棠无香，第五恨曾子固不能作诗。”不过其实前四恨都是为了第五恨铺垫，用以调侃曾巩，因此“海棠无香”也可能只是信口说来，并未加以考证。

一般来说，海棠花确实少有香味，木瓜属的海棠花基本无香味，苹果属的海棠花则或多或少有清香，尤其是一些开白花的品种，香味比较明显。

檫木 | 早春的山林里，浮起满树明黄 |

早春，树姿凌云的檫木，虽一叶未发，但已黄花满树，分外耀眼。檫木木材坚硬致密、纹理美观、耐水耐腐、抗压力强、易加工、干后不翘不裂、具芳香，属于上等木材，以前常用于造船、

【小名片】
檫木，是樟科檫木属落叶乔木。产于长江以南，南至南岭山地南坡，西至四川、贵州、云南，生于海拔100～1900米的疏林或密林中。
【寻访坐标】湖南省森林植物园或任意一处山林
【文/图】徐永福

水车、建筑及上等家具，故人们一直作为珍贵用材树种用于大面积造林生产木材。

檫木的叶形和叶色也很具有观赏价值。檫木的叶全缘或2～3浅裂，其中以3裂的叶子为多，3裂的叶子如三叉戟一般威风凛凛。秋季，树叶由绿转红，树冠流丹，艳丽夺目。

春兰 | 寄寓一切美好事物的“仙草” |

春节前后，春兰就开花了。春兰株姿高雅而灵秀，叶姿优美，叶色鲜绿，花色淡雅，花香清冽而幽远，成为国人寄寓一切美好事物的“仙草”。

传说早在帝尧之世，我国就开始种植春兰，几千年的春兰栽培历史，赋予了春兰博大精深的中国文化精神。春兰与蕙兰、建兰、寒兰、墨兰、春剑、莲瓣兰和豆瓣兰等统称为国兰。我国古典诗词歌赋中的有关兰花，及平时我们常说的兰花或兰草一般指的就是春兰。

【小名片】
春兰，又称朵兰、幽兰、草兰，属兰科兰属陆生多年草本植物。湖南野生春兰资源较丰富，但近些年，不少地方疯狂采挖野生兰花，导致野生春兰资源越来越少，加强野生春兰资源的保护已迫在眉睫。
【寻访坐标】去花木市场自己买一盆吧
【文／图】徐永福

Part.2 第二章 雨水

东风解冻，散而为雨。

正月中，天一生水，进入雨水节气。从这时起，降雨开始增多，雨量以小雨或毛毛细雨为主，对于春季复苏的农作物和植物来说，『春雨贵如油』毫不夸张。

湿润的泥土等待种子落下。

顺应时节，起身耕耘，这便是雨水的意义。

阿拉伯婆婆纳

草地上那些淡蓝的小眼睛，
好奇地打量着乍暖还寒的早春。

【图】徐永福

一候
獭祭鱼
劳燕分飞的『劳』，
『晒腊肉』的高手。
棕背伯劳

劳燕分飞的“劳”，晒得一手好“腊肉”

棕背伯劳被称作雀形目中的“小猛禽”，它们不爱扎堆，总是独来独往。

我常见它们立在开阔地带显眼的枝头上，丝毫不隐藏自己的行踪，自信，稳重，黑色贯眼纹从额、头顶贯穿至后颈，喙短而有力，颇似鹰嘴，个子不大，却不怒自威，一看就很不好惹的样子。

小个子的棕背伯劳确实不是“吃素的”。此鸟性情凶猛，有“雀中猛禽”之称，别称屠夫鸟。它们以昆虫为主食，也会捕食小鸟、青蛙、蜥蜴和鼠类，可以击杀比自己体型还要大的鸟类。

它们会把吃不完的食物挂在树上，自然风干作为贮备食物，是“晒腊肉”的高手。摄影师拍摄到的图片，就是一只棕背伯劳把捕捉到的蛇挂在树枝上……作为城市生态系统中的肉食性鸟类，棕背伯劳有着重要的生态功能。

虽然被称作“小猛禽”，其实它们属于伯劳科的中型鸣禽。

补充一点没什么用的奇怪知识点：“劳燕分飞”的主角之一“劳”，就是伯劳。

【小名片】

棕背伯劳，中型鸣禽，伯劳中体型较大者，体长23～28厘米。头大，背棕红色；两翅黑色具白色翼斑；额、头顶至后颈黑色或灰色、具黑色贯眼纹。

分布于西亚、中亚、南亚和东南亚地区，多栖息在低山丘陵和山脚平原地区。

【寻访坐标】长沙烈士公园等地

【文】周月桂 【图】张京明

海南鳽 | “谜”一样的稀世珍禽，沉默、孤独 |

海南鳽，全世界不足 1000 只，是全球 30 种最濒危鸟类之一。

19 世纪 90 年代，英国探险家在中国海南省五指山发现了一种中型水鸟，暗褐色身体，点缀白色、棕褐色花斑，朴实无华，眼睛却又萌又大，格外引人怜爱。雄鸟还生有白色过眼纹，从眼睛处向后延伸到耳朵上方，勾出一道长长的眼线。这就是海南鳽。

这种鸟沉默寡言、昼伏夜出，独来独往，在山林水域附近如幽灵般游荡。人们对它知之甚少，被视为“谜”一样的鸟，一度被认为已灭绝。

【小名片】

海南鳽，鹳形目鹭科鳽属中型水鸟，“鳽”读作“jiān”，水鸟之意。目前，海南鳽为极度濒危物种，国际濒危等级高于熊猫。

【寻访坐标】怀化市中方县、会同县以及岳阳市平江县等地

【文】彭雅惠 【图】视界记录

2021 年 2 月，黑脸琵鹭从国家二级保护动物升级为国家一级保护野生动物。

这些被称为“黑面舞者”的大鸟，全身白羽，只有脸部“黑巾蒙面”，长嘴扁平得像把加大款的汤匙，也有几分像乐器琵琶。飞翔时，它们颈、腿伸直，拍打翅膀的节奏舒缓，让人想起优雅从容的舞姿。

1989 年，中国将黑脸琵鹭列为国家二级重点保护野生动物。

30 多年来，国人在湿地环境可偶见其身影，但整体而言，它们的濒危程度仍在加剧。

【小名片】
黑脸琵鹭，鹳形目朱鹭科琵鹭亚科大型涉禽，全身羽毛大体为白色，嘴、腿、前额、眼线、眼周至嘴基为黑色，形成鲜明“黑脸”。春季迁徙至东北松花江、鸭绿江及山东沿海，冬季迁至湖南、福建、广东、广西、海南岛及台湾等地。
【寻访坐标】东洞庭湖湿地等地
【文】彭可心 【图】张京明

二候 鸿雁来

秋凉春寒，长挟风霜。

写给白枕鹤“超超”

候鸟迁徙是一个充满艰难和艰险的过程。

2014 年 10 月，五只严重中毒的白枕鹤被山东聊城林业部门救助。经过 10 天救治，有三只神奇地痊愈了，佩戴 GPS 卫星追踪器后重回蓝天，其中一只是你。

2015 年春，我国首次以候鸟迁徙跟踪为主题的全国性公益活动“跟着大雁去迁徙”启动。鸟在天上飞，人在地上追。这是我国第一次利用卫星、移动互联网等新技术实时跟踪候鸟的尝试。你，成为万千追踪对象之一。

对于不忘初心的你，一旦春回大地，万物复苏，那就是坚定地履行自己迁徙、繁衍使命的信号。追踪伊始，你已从越冬地鄱阳湖北上，飞过高山、直面春寒，飞抵安徽省六安市。当追踪者们驱车赶到时，最新信号显示，你已经飞到了苏鲁交界处的微山湖。

在微山湖，你时而东岸，时而西岸，时而水中央，和追踪者玩“捉猫猫”。人们弃车登舟，向你栖息的小岛进发。大家为即将到来的见面激动不已，纷纷猜测：“要见到的是

【小名片】

白枕鹤，鹤形目鹤科鹤属大型涉禽，体型高大，可达 150 厘米。上体石板灰，尾羽暗灰色，末端具有宽阔的黑色横斑。多栖息于开阔的平原芦苇沼泽和水草沼泽地带，也栖息于开阔的河流及湖泊岸边，有时出现于农田和海湾地区，尤其是迁徙季节。

【寻访坐标】东洞庭湖湿地等地

【文 / 图】张京明

孤单的你，还是成双成对的你？”忽然，你却一口气抛开追随而来的人 300 千米，去了山东济南。

当追踪者赶到济南归德镇，仍看不见你的倩影翩翩，只看见千年黄河水滔滔。

从鄱阳湖云水苍苍，到图们江流水悠悠，汽车的四轮飞转，赶不上你双翼轻扬。

凤头䴙䴘

| 年复一年换上华丽头饰，只为向爱的它热烈表达 |

这是一个你见过一次就很难再忘的名字——凤头䴙 [pì] 䴘 [tī]。

䴙䴘是一类水鸟的统称，凤头䴙䴘是其中体型最大、颜值最高的一种。春天繁殖期来临，它们后脑勺会长出两撮小辫一样的黑色羽毛，向上直立形成深色羽冠；修长的脖颈上端围着一圈棕黑相间的长绒毛，与白色前胸对比鲜明。

凤头䴙䴘的一生有两件事做得特别精彩。一是游水，它们的

【小名片】

凤头䴙䴘，䴙䴘目䴙䴘科䴙䴘属游禽，成鸟体长 50 厘米以上，喜欢栖息于芦苇和杂草丛生的江河、湖泊、池塘、沼泽，在水面建造浮巢。善于潜入水中猎取食物，以昆虫、小鱼、甲壳类、软体动物等水生无脊椎动物等为主食。3—5 月进入繁殖期。

【寻访坐标】洞庭湖区

【文】彭雅惠 【图】长沙市野生动植物保护协会

脚靠近臀部且有脚蹼，在陆地寸步难行，但极为适合划水；二是示爱，两只情投意合的凤头鸊鷉会一起畅游、深情对视，并一同将身体挺出水面频频点头，似水面踏舞，情到深处，还要从水底衔水草献给对方，非常浪漫。

黄腹山雀 | 爱情和春天一起到来 |

清晨或黄昏的林间，初春阳光温柔地穿过枝叶，黄腹山雀活跃起来。它们腹部“涂上”醒目的荧光黄，为了不被猎食者锁定，必须依赖茂密植被的掩饰。

这么“高调”的色彩，其实仅雄鸟所有，黄腹山雀雌鸟通体没有黄色，全身羽色灰绿，与树林融为一体。

作为我国特有鸟类，黄腹山雀被视为山雀中的“爱情鸟”。因为在非繁殖季，这种小鸟总是数十只群体活动，甚至与大山雀等其他鸟类混群。但一到初春繁殖季，它们便立即抛下同伴，与“爱人”成双成对享受“二鸟世界”去了。

【小名片】

黄腹山雀，山雀科黄腹山雀属小型鸟类，体长9～11厘米，俗名采花鸟、黄豆崽、黄点儿。是中国特产鸟类，主要分布于华南、东南、华中及华东部的落叶混交林。以直翅目、半翅目、鳞翅目、鞘翅目等昆虫为食，也吃植物果实和种子等植物性食物。

【寻访坐标】长沙烈士公园等地

【文】彭可心 【图】张京明

三候

草木萌动

在春阳和雨水里渐渐融化。

遇见它的果实，都想问一句，能不能吃啊？

春天来得快，梅桃樱李海棠，一股脑地开花了，让人看不过来。

小区里的紫叶李也早早开花，一树细碎的繁花，浅浅淡淡的粉色，在雨水中几乎要融化了。

不过大部分人并不认识紫叶李，将它当作樱或桃一并胡乱指认。

紫叶李和樱花一样，都是蔷薇科植物，自然有长得相似之处。但紫叶李花期略早，花瓣较小，边缘没有瓣缺，枝干没有唇形裂口，叶子为紫红色的，这些特征可以区分两者。

这几天看到紫叶李已花朵稀疏，紫叶疯长。旁边的桃和樱接了梅的班，风头正劲。

不知道紫叶李会否有恨：既生樱，何生李？

紫叶李也还有它的其他季节。花落之后，紫叶葳蕤，到了夏天，紫果累累。

那时总引人发问：这个紫色果子能不能吃？

我替大家尝过了：紫叶李果实未熟时颇为酸涩，不堪入口；熟透了的紫叶李略有甜味，但称不上多美味。

园林专家认为，紫叶李以观赏价值为主，并无食用价值，绿化带上的紫叶李，终日吸收尾气灰尘，不食为佳。

一些人因摘李子而折断树枝，就不太好了。

【小名片】

紫叶李，蔷薇目蔷薇科李属落叶灌木或小乔木。叶片椭圆形，罕见有椭圆状披针形；花瓣白色，长圆形或匙形；核果近球形。喜阳光、温暖湿润气候，有一定抗旱能力。在中国华北及其以南地区广为种植。

【寻访坐标】长沙圭塘河生态公园等地

【文】周月桂 【图】张京明

蒌蒿 | 蓼茸蒿笋试春盘。人间有味是清欢 |

春江水暖鸭先知。可记得下一句么?

900 多年来，大文豪兼美食家苏轼就是这样真诚直白地提醒世人：初春，到吃蒌蒿的好时候了！

“蒌蒿满地芦芽短”中的蒌蒿，也有不少人称之为藜蒿、芦蒿，是许多湖南人餐桌上的应时美味。比方说，湘菜中的“名菜”藜蒿炒腊肉，就少不了它。

初春，洞庭湖滩涂是草的海洋。每逢晴好天气，草海里就撒满了人，一个个低头采摘野菜。藜蒿很好辨认，根茎殷红，笔直向上，狭长的锯齿状绿叶自由散向四面八方，野性十足，尤其是独特清香，绝不会湮没于草丛中。

【小名片】
蒌蒿，菊科蒿属多年生草本植物，植株具清香气味，多生于低海拔地区的河湖岸边与沼泽地带。又名藜蒿、芦蒿、泥蒿、白蒿、香艾、水艾等。据《本草纲目》记载，蒌蒿主治风寒湿痹、恶疮癞疾、夏月暴痢等。能杀河豚鱼毒。

【寻访坐标】东洞庭湖湿地等处

【文】彭雅惠 【图】姚毅

垂丝海棠 | 懒无气力仍春醉，睡起精神欲晓妆 |

绵绵冷雨，总令人生出丝丝惫懒。但细雨中的垂丝海棠，却美不胜收。

三月，垂丝海棠的嫣红花蕾随和煦春风舞蹈舒展，终至盛开，花色如胭脂，数朵汇成一簇，花梗细长而下垂。微风拂过，便带起一抹胭脂灵动。

道不尽温柔娇美，不止牵起文人墨客诸般情思，还引出帝王将相风流传奇。王仁裕写《开元天宝遗事》，记载唐玄宗曾将杨贵妃比作会说话的垂丝海棠，赞她如“解语花”般善解人意。从此后，海棠花常常被作为善解人意的美人之别称。

【小名片】
垂丝海棠，蔷薇科苹果属落叶小乔木，树高可达 5 米。叶片呈卵形或椭圆形至长椭卵形，具花 4～6 朵，花梗细弱下垂，花瓣倒卵形，基部有短爪，粉红色。花期为 3—4 月，果期 9—10 月。常生长于海拔 1200 米以下的山坡丛林中或山溪边。
【寻访坐标】湖南省森林植物园、西湖公园、海棠公园等公园景区
【文】彭可心 【图】张京明

Part.3
第三章

惊蛰

微雨众卉新，一雷惊蛰始。
此时春风送暖，桃花盛开，
正是春风又绿江南岸的好时节。
春雷始鸣，惊得动物们纷纷苏醒过来，
蓝喉歌鸲、画眉等鸟儿放声歌唱，
婉转多变，悠扬绵长。
这时候，种一棵树，也就种下了一份不断生长的希望。

山麻雀

麻雀当家，叽叽喳喳。

【图】张京明

桃始华 一候

城市之内，乡野之间。
桃的美，在于平常。

桃

惊蛰的春色，在她的脸庞上

惊蛰春醒，桃始华。

紧跟着梅、李等春日小姐妹，桃也按捺不住性子，出来和大家打招呼了。

“凭君莫厌临风看，占断春光是此花。”诗人白敏中就觉得，在怡荡的春风里，欣赏着娇艳的花色，会让你觉得明媚的春光都被桃花独占了。

桃的品种很多，在全世界约有 3000 种以上。其中，我国占 800 种以上。在城市、在乡野，随处可见桃的踪影，它的存在如此稀松平常。大约这也是桃美好的地方。

要想在桃花林走走的话，怀化市芷江侗族自治县艾头坪、长沙桃花岭公园、长沙园林生态园、宁乡东鹜山桃花谷等地都是不错的选择。

按用途分，桃主要有果桃和花桃两大类。现在这个季节，我们踏春观赏到的基本都是花桃，模样花色也特别多。花有单瓣、重瓣，色有粉红、深红、纯红、纯白及红白复色等。它芳菲烂漫、娇艳鲜丽，看到这桃红柳绿的春日胜景，心情都跟着美妙起来。

【小名片】
桃，蔷薇科桃属落叶小乔木。树高达 8 米，原产于中国中部、北部，为中国传统的园林花木，现已在世界温带国家及地区广泛种植。花期 3—4 月，果成熟期因品种而异，一般在 8—9 月。

【寻访坐标】湖南省森林植物园、橘洲公园、晓园公园、长沙市园林生态园

【文】彭可心 【图】张京明

自古以来，“桃者，五木之精也，故压伏邪气者也。”桃花、桃林总是带着那么点神仙气息的。

东晋文学家陶渊明便写下了《桃花源记》，虚构了一个安宁和乐的世外仙境。这个仙境的原型地就在湖南省桃源县，是不是平添了几分亲切?

桃花不单单“靠脸吃饭”。它的花瓣可以食用，桃花糕、桃花粥、桃花茶、桃花酒，无一不是人们喜爱之物，结的果实汁多味甜，花枝、叶、根还可以作为药引子。

油菜 | 染遍春之大地，浩瀚而灿烂 |

单朵油菜花太过单薄，实在没有摄人心魄的魅力，但抱团成群就完全不同。一簇簇、一丛丛、一片片，浩瀚而灿烂，观者沉醉，所谓“满目金黄香百里，一方春色醉千山”。

乾隆皇帝写《菜花》:“爱他生计资民用，不是闲花野草流。”当花期结束，油菜籽榨出菜油，为许多农户带来丰厚收入。

【小名片】
油菜，属十字花科芸薹属一年生或二年生草本植物。茎绿花黄，花瓣4枚，质如宣纸。果实为长角果，是我国重要的油料作物。
【寻访坐标】湖南农业大学、长沙县江背镇、双峰县锁石镇万亩油菜基地
【文】彭雅惠 【图】张京明

湖南与油菜花有着“隐秘的缘分”，油菜种植面积持续多年居中国第一。想在油菜花海里雀跃，不必费心寻找特别的地方，三湘广袤的乡间原野，随处可见。

稻槎菜 |“春之七草”之一，可以带来出人头地的好兆头|

在湖南最普通的稻田里，水稻收割之后，稻茬之间常常会悄无声息冒出大片矮小的野草，铺地而生，因此得名稻槎菜，“槎”同“茬”。

稻槎菜才不是籍籍无名之辈，在古代，它是响当当的“春之七草”之一。古人在春天讲究吃点特别的东西：七种早春的蔬菜——水芹、荠菜、萝卜、芜青、繁缕、鼠麴草、稻槎菜。它们象征着蓬勃的生长力，可以给人带来出人头地的好兆头。

【小名片】
稻槎菜，又名田荠、田平子，属菊科稻槎菜属矮小草本。广泛生长于我国水稻种植区域，日本、韩国亦产。
【寻访坐标】湖南各乡村稻田
【文】彭雅惠 【图】姚毅

二候
仓庚鸣

长尾翩翩，仙气飘飘。

九品官服上的那只鸟

春深，在南方越冬的寿带飞回湖南开始繁殖了，它们拖着极长的尾羽，飘逸地穿越山林，为湖南的山再增添一点仙气。

寿带这种鸟，一眼就能辨认，雄鸟尾羽奇长，虽说身子与麻雀一般大小，尾羽却有身体长度的3倍以上，乘风而起时像牵着一根长飘带，在风中飘扬。因此，寿带也称作绶带。

寿带雌鸟身体与雄鸟类似，只是尾羽短了许多。此外，雄鸟有两个色型：普通色型的雄鸟头颈部的羽毛是暗蓝色的，其他地方的羽毛是棕红色的；白色型的雄鸟头颈部也是暗蓝色，但身体的其他地方却是雪白的。色彩差异很大，但同样美丽、出尘。

在流传下来的“文物”上，常常能见到它们的身影。比如明清时期的九品文官官服，补子上绣着的“文练雀”就是寿带；古代花鸟图也多见此鸟；“花卉绶带鸟纹图”还是各类瓷器常用图纹……

在中国古代，绶带是官吏佩官印所用的彩色丝带，象征权力和富贵，而尾长又易引起人们对于寿长的关联想象，因此，寿带被附会了象征意义，成为一种“报喜鸟”。

寿带的确能为人们的生活带来好处。它们的英文名字叫

【小名片】

寿带，又名绶带鸟、练鹊、长尾鶲、一枝花等。在中国主要为夏候鸟，部分在广东、广西和香港越冬。繁殖期为5—7月。寿带的食物中几乎全为昆虫，而且以鳞翅目为最多，是森林中非常好的消灭害虫的能手。

【寻访坐标】湖南烈士公园

【文】彭雅惠 【图】张京明

Paradise Flycatcher，直接翻译成汉语似乎该叫“天堂捕蝇者”。这个名字大概说明了它们主要吃什么。没错，每天都需捕食大量害虫的寿带，是著名的农林益鸟。

蓝喉歌鸲 | 它从花鸟工笔画中飞出来了 |

蓝喉歌鸲（qú）生了一副好模样，小小的身体上，层次分明、色彩艳丽的羽毛格外抢镜，尤其是喉部的亮蓝色，像戴了蓝色的领结。

蓝喉歌鸲一般沿湘东罗霄山脉和湘西雪峰山脉迁徙过境，有部分个体在湖南繁殖。2020 年 6 月，湖南东洞庭湖国家级自然保护区管理局在洞庭湖进行了为期 12 天的夏鸟调查，首次在保护区内记录到了蓝喉歌鸲，丰富了洞庭湖区鸟类群落观测记录。2021 年 2 月，《国家重点保护野生动物名录》重新调整，蓝喉歌鸲升级为国家二级重点保护野生动物。

【小名片】

蓝喉歌鸲，亦称“蓝点颏”，通称蓝靛颏儿。分布于中国大部分地区。20 世纪 80 年代数量较多，近年来较为少见。

【寻访坐标】长沙苏家托

【文】彭可心 【图】张京明

画眉 | 眉弯嘴弯，唱断青山 |

湖南是画眉在我国的主要生活地之一。它们多栖息于阔叶林、针阔混交林、针叶林、竹林及田园边的灌木丛中。趁春光大好，去三湘大地的山林踏青，很大概率能遇见画眉。画眉的鸣叫可持久不断，而且善于模仿其他鸟类鸣唱，当它们放开歌喉，一只鸟能叫出一群鸟的效果和风采，其位列中国四大鸣鸟之一，绝对实至名归。

由于画眉美而善鸣，中国自古就有许多人捕捉画眉笼养取乐。现在，画眉已是国家二级重点保护鸟类，私自捕捉、交易等均属违法。

【小名片】

画眉，属雀形目画眉科，能模仿多种鸟叫声、猫狗叫、笛声等各种声音。机敏好斗，主要生长在中国长江以南地区。

【寻访坐标】长沙市望城区铜官镇

【文】彭雅惠 【图】张京明

三候
鹰化为鸠
春日融融，万木竞发。
是时候种一棵香樟树了，
种下生生不息四季常青的欲望。
香樟

种下生生不息四季常青的欲望

春天，香樟开始落叶，长沙城便弥漫着樟的香气，那就是南方春天的气息。

长沙最有特色的植物，该是四季常绿的香樟。

它们乡土、无处不在、生命力旺盛，从枝干、叶子到花和果实都有着浓烈的气味。春天里落叶的主角是它，夏秋的浓荫是它，冬日里常绿的身影还是它。

长沙的市树、湖南的省树都是香樟。究其原因，倒也没有太多文化背景，南方的香樟，再平常不过，平常到难见于诗文，但它们就是适合这方水土。作为湖南"土著"，它们伴人生长，有村必有樟，也是湖南古树数量最多的树种。

民间是习惯种樟树的。从前有女儿的人家，都要准备一口樟木箱子陪嫁。樟木箱是上好的家具，用来放入布料衣物，不虫不蠹，且气味芳香。

香樟树什么都好，除了一年到头总要往下落着点什么。

从秋天到春天，总在落它的黑色果实，似乎老也落不完。到了3月，种子落尽，就开始无休止地落叶。到4月换装完毕，就该

【小名片】

香樟，常绿乔木。根系发达，深根性，抗倒能力强。湖南省海拔500米以下酸性或中性壤土均可栽植。枝叶秀丽、树大浓荫，四季常青而具有香气；木材优良，枝叶可提取樟脑和樟油；湖南省生长最好的伴人植物，寿命长，大树、古树资源多。

【寻访坐标】各处公园、小区

【文】周月桂 【图】徐永福

开花了，于是会落有一地细碎黄花。停在小区地面的小车，便一年四季承接着它的“恩惠”。

即便如此，它们仍旧是最优秀的行道树。四季常绿、生长快、树形高大、分支点较高，不会影响道路两旁的行人和车辆。

它的适应能力也非常优秀，在灰尘、雾霾、尾气等影响下，依旧葱茏青翠。

桑 | 开轩面场圃，把酒话桑麻 |

桑文化源远流长。据考证，早在 3000 多年前的商代，就有了“桑”的字样，古诗中也有不少描写桑的诗句。

湖湘大地，是桑生长的沃土。乡下的房前屋后、城市的道路两旁，总能看到它的身影。湖南有一个县，在历史上因“境内遍植桑树”而得名，那就是桑植。

低调的桑树，浑身是宝。桑

【小名片】

桑，落叶乔木。叶广卵形；花单性，与叶同出；聚花果卵状椭圆形，成熟时红色或暗紫色。湖南省海拔 900 米以下地区均适宜栽植。

【寻访坐标】各处乡野山村

【文】彭可心 【图】湖南省林业局

叶可以吸烟除尘、净化空气，更是一味重要的中草药；桑树的枝干可以用作木材，枝条可以编织箩筐，桑皮是造纸原料之一；暮春时成熟的桑葚可食用、可酿酒。

南方红豆杉 | 千枞万杉，当不得红榧一枝桠 |

南方红豆杉是第四纪冰川遗留下来的古老植物，在地球上已存在了 250 万年，是世界公认的濒临灭绝的珍稀植物。早在 1995 年，南方红豆杉就被列为国家一级重点保护野生植物。湖南境内，衡阳、永州、郴州、株洲等地都有野生资源分布。在攸县温水村，有一株树龄 2407 年的南方红豆杉，是湖南已知的最古老的树木之一。

研究发现，红豆杉根、茎、叶、皮及果实中存有紫杉醇，对治疗乳腺癌、卵巢癌有特效。3 千克南方红豆杉树皮中才能提炼出 1 克紫杉醇，是有名的“植物黄金”。

【小名片】

南方红豆杉，又名血柏、海罗松、榧子木，常绿乔木。适宜栽植在湖南省海拔 1000 米以下的地区。枝叶浓郁，树形优美，种子成熟时果实满枝，观赏价值高；心材橘红色，纹理直，坚实耐用。

【寻访坐标】湖南省森林植物园

【文】彭可心 【图】湖南省林业局

Part.4
第四章

春分

阴阳适中，昼夜均分。

仲春初四日，春色正中分。天气渐暖，万物活跃。东北、华北和西北广大地区还在延续冬季的干燥，而江南降水已迅速增多，进入『桃花汛』期。

此时的江南，雷电天气频发，春之惊雷，带来激发生机的新力量。

红嘴蓝鹊

当它拖着长长的尾羽施施然滑翔时，
姿态里颇有身为美人的骄傲。

【图】张京明

一候 元鸟至

安得学野凫，泛泛逐清影。

世界上最小的鸭子

遇见棉凫（fú），需要运气。曾经遇到一位鸟类研究者，说棉凫在湖南非常罕见。我很幸运，在望城铜官、湘阴白泥湖、常德柳叶湖都见到过。

印象最深的是柳叶湖，白鹤山下的水域生长着大片芦苇、荷花，水雉在荷叶上轻盈地踱步；岸边的鱼塘里，白鹭时常光顾偷吃，淳朴的养鱼人也不恼，说是白鹭吃的是些小鱼，损失不了多少。

信步走着，来到一个农家小院前，锈迹斑斑的铁门紧锁，透过铁栅栏，可以看到满地青苔，应该是很久没人住了。屋脊上 8 只棉凫在悠闲地晒着太阳。

棉凫是世界上体型最小的雁鸭，头圆、脚短，其喙很像鹅的喙，成鸟体长也只有大约 30 厘米，体重不足 200 克。因远远看上去像一团棉球，故得名“棉凫”。

屋脊上的棉凫猛然发现了我们，眼神中交织着惊讶和害羞，迅速从屋檐下钻进屋里。

人不住，鸭子住。棉凫原本是在树洞中筑巢的，但它们很会偷懒，聪明地享受了人类建造的房子。

屏息静气，时间流逝。静待一会儿后，棉凫从房屋中钻出来，飞上蓝天。

【小名片】
棉凫，雁形目鸭科棉凫属小型鸟类。羽毛主要呈白色，头圆，脚短，雄性棉凫繁殖时毛色泛黑绿色光泽，头部、颈部及下身主要呈白色，飞行时，雄鸟双翼呈绿色并有白带，雌鸟羽色较淡。主要吃种子及蔬菜，尤其是睡莲科植物，也吃昆虫、甲壳类等。

【寻访坐标】望城铜官、湘阴白泥湖、常德柳叶湖等地

【文 / 图】张京明

苍鹭 | 水边静默的守候者，把自己等成一幅水墨画 |

苍鹭静静地站在水边浅水中，两眼紧盯着水面，一动不动等待鱼儿送上门来。一旦有鱼经过，立刻伸颈啄之，行动极为敏捷。有时站在一个地方等候食物长达数小时之久，被人称为“长脖子老等”。

我简直怀疑它读过《孙子兵法》，深得“静如处子、动如脱兔”“不动如山、难知如阴、动如雷震”的精髓。

在湖南生活着许多种鹭鸟。但苍鹭与白鹭、牛背鹭、夜鹭等不同，不能算湖南的留鸟。鸟类专家们认为，苍鹭在湖南为冬候鸟，但也有部分个体在夏季仍停留不去迁徙。

【小名片】
苍鹭，鹳形目鹭科鹭属鸟类，体大，可达92厘米。成鸟有过眼纹及冠羽黑色，飞羽、翼角及两道胸斑黑色，头、颈、胸及背白色，颈具黑色纵纹，余部灰色；幼鸟的头及颈灰色较重，但无黑色。在浅水中捕食，性孤僻，但冬季有时组成大群。
【寻访坐标】东洞庭湖湿地等处
【文／图】张京明

勺鸡 | 履山林如平地，逃跑时能“飞沙走石” |

中国有个成词“鸡同鸭讲”，形容双方语言不通，无法沟通。如果古人听过勺鸡叫唤，可能对这一成语的可靠性有所犹疑。

勺鸡脖粗尾短，体态浑圆，身披灰黑或棕色柳叶形羽毛，像穿着蓑衣，头顶有一撮黑色长冠羽，时而竖立时而服帖，跳动时还会一抖一抖。

繁殖季，雄勺鸡竖立头顶冠羽、散开尾羽，想尽办法炫耀自己的美丽，为吸引雌鸟，还会引吭高歌——嗓音沙哑粗粝，音色不像雉类打鸣，更似公鸭叫唤，因此，民间多称勺鸡为“山鸭子”。

【小名片】
勺鸡，鸡形目雉科动物，体长 390～630 毫米，生活于海拔 1500～4000 米的高山针阔混交林、密生灌丛的多岩坡地、山脚灌丛、开阔的多岩林地等地。以植物根、果实及种子为主食，也吃少量昆虫、蜗牛等动物性食物。雄鸟和雌鸟单独或成对活动，性情机警，很少结群。

【寻访坐标】八大公山国家级自然保护区等地

【文】彭雅惠 【图】柴江辉

二候
雷乃发声
堂上椿萱雪满头，种一棵香椿，
祈愿父母松椿比寿。
香椿

种一棵香椿，祈愿父母松椿比寿

乍暖还寒时候，光秃的香椿枝顶端萌发出许多红嫩绒毛，继而变成芽苞。这种以春天为名的树，准备好来与春天见面了。

好比三秋的金桂，凛冬的松柏，每一个季节都有一些最出风头的树。对于中国人来说，香椿肯定是春季不能忽视的主角之一——将香椿幼芽嫩叶裹上蛋液面粉油炸、与鸡蛋同煎、与豆腐凉拌，都是独特的中华春季美食。

清明前后，香椿芽苞绽开成酒红色小枝叶，一簇簇占满枝头，弥散出一种奇特而浓郁的异香。有些人避之不及，但在爱它的人看来，这种香味正是春天应有的味道，与春日吐香的百花相比，也毫不逊色。

香椿幼芽嫩叶长成只需要两三天，但采摘可持续到谷雨时节。

过了谷雨，香椿进入快速生长期，先前的酒红色幼芽嫩叶很快长成羽状复叶，层层交错，冠盖如云，加上树高干直，一棵树看上去非常优雅。

夏季，香椿花开，成百上千朵小白花拢成一个紧凑的花团。花落果熟，带着小翅膀的种子乘风飞向远方。

【小名片】

香椿，落叶乔木，偶数羽状复叶，小叶卵状披针形，有香味，幼芽嫩叶可作蔬菜；花小，白色；蒴果狭椭圆形，种子上端有膜质的长翅。喜光，不耐阴，耐热，喜深厚、肥沃、湿润、排水良好的酸性土。适宜栽植于海拔 1200 米以下地区。

【寻访坐标】岳麓山等地

【文】彭雅惠 【图】湖南省林业局

庄子《逍遥游》云:“古有大椿者，以八千岁为春，以八千岁为秋。”《本草纲目》也记载:“椿樗易长而多寿考。”因此，在中国传统文化里，香椿象征长寿，古人据此祝愿父亲为“椿”。唐诗中有名句“堂上椿萱雪满头”，就是说父母已经白发苍苍了。

紫荆 | 从树干和老枝上开出花来，满心都是欢喜 |

“乱花渐欲迷人眼”，春渐深，群芳争艳，细小雅致的紫荆毫不逊色。远观如树上旋绕了一群紫蝶，近看才知是娇小花朵微卷聚生，繁花满树。

很多人喜新厌旧，而紫荆却“喜旧厌新”。老枝上花团锦簇，嫩枝上仅有零星几点。这种现象在植物学中叫“老茎生花”，热带雨林树木多出现这种生花结果方式，身处温带的紫荆也这样，算得上独树一帜。

紫荆原产于中国东南部，自古以来就倍受人们喜爱，被视为家庭和美、骨肉相亲的象征。

【小名片】
紫荆，豆科紫荆属落叶乔木或灌木，为中国特有木本花卉。树皮和花皆可入药，树皮有清热解毒、活血行气、消肿止痛之功效；花可治风湿筋骨痛。种子有毒，不可食用。

【寻访坐标】长沙烈士公园等地

【文】彭可心 【图】湖南省林业局

乐昌含笑 | 深情厚谊知多少，尽在嫣然一笑中 |

“花开不张口，含笑又低头，拟似玉人笑，深情暗自流。”古人这首诗恰如其分地描写了含笑属花开时的模样：呈半开状、常下垂，模样娇羞似笑非笑。

早春时节若在林间闻到瓜果清香，可能并不是有新鲜瓜果而是乐昌含笑开了。它们的花含苞待放时，香气最浓郁，花瓣全展后反倒没那么香了。

含笑属是木兰科的大属，包含约 70 种植物。其中的乐昌含笑，花被片有 6，颜色淡黄，外轮为倒卵状椭圆形。假如看到 9 片花被片，颜色纯白的含笑，那可能是深山含笑了。

【小名片】

乐昌含笑，木兰科含笑属常绿乔木，树皮灰色至深褐色，叶薄革质，长圆状倒卵形，花淡黄色，芳香，是优良景观树种。其种子含亚油酸比例较高，可加工制成脂肪酸产品。植株喜光，幼时耐阴，喜深厚肥沃酸性土壤。适宜栽植地在海拔 1500 米以下地区。

【寻访坐标】湖南省森林植物园等地

【文】彭可心 【图】湖南省林业局

三候

始电

红叶春花两相宜。

红花檵木

它，从浏阳走向世界

姹紫嫣红。第一眼看到红花檵（jì）木，就觉得此词专为它而设。

前半春，红花檵木新叶老叶暗紫深红，别具一格；后半春，紫红花开，如剪彩纸，千丝万缕，如火如荼。

在以“粉嫩”为基调的春季，红花檵木凭“红得发紫”的色彩，足够引人注目。

这种四季常紫的灌木，野生植株原产于浏阳大围山。1938 年春天，已故著名林学家叶培忠教授在野外教学时，发现了这种当时全世界都从未记录过的“新奇”植物。

20 世纪 80 年代开始，浏阳永和镇农民利用当地丰富的红花檵木野生资源优势，开始较大规模扦插苗、移植苗、灌木球、盆景及古桩嫁接树等系列产品的生产，出口日本、韩国、新加坡、美国、荷兰、英国、法国、德国、意大利等诸多国家和地区。1999 年，浏阳市被授予“中国红花檵木之乡”。

因独特的花叶观赏性，红花檵木从浏阳出发，在 80 多年内快速“走红全球”，目前已成为在全球广为种植的绿化植物。

据了解，最早从浏阳大围山移植到长沙天心公园的野生红花

【小名片】

红花檵木，常绿灌木，是美化公园、道路的名贵观赏树种。叶互生，革质，卵形，砂纸质感。花顶生头状花序，紫红色。蒴果卵圆形，种子圆卵形，黑色。植株喜光，耐寒冷，适应性强，适宜在肥沃湿润的微酸性土壤中生长。适合种植在海拔 800 米以下地区。

【寻访坐标】长沙天心公园等地

【文】彭雅惠 【图】张京明

檵木植株，依然健在，现树高 5 米，胸径 20 厘米，冠径 42 平方米，树龄已超过 150 年。

春天，去看一株红花檵木，见开花时，红霞灿烂；品落花时，不绝如缕，是一件挺诗意的事。

金钱松 | 清风摇响一树铜钱 |

更新世大冰期摧毁了许多古老的植物，世界各地的金钱松也纷纷灭绝，仅有中国长江中下游少数地区保留下“幸存者”。

这种松树有针条形叶子，散生、螺旋状排列，在阳光照耀下泛出淡淡金黄光晕，古人觉得远看酷似铜钱，因此称其为“金钱松”。

尤其到了秋季，金钱松的叶子会由外向内逐渐变为金黄色，远观更似一树铜钱。

【小名片】

金钱松，落叶乔木，树干通直，树皮鳞片状块片，叶条形，在长枝上散生，短枝上簇生。雄球花黄色，雌球花紫红色，球果卵圆形，种子卵圆形，白色，种翅三角状披针形。喜光，耐干旱瘠薄，耐寒能力强，不耐积水。适宜栽植在海拔 1200 米以下地区。

【寻访坐标】邵阳市隆回县望云山

【文】彭可心 【图】湖南省林业局

金钱松的果实也很具美感，层层叠叠的种皮由内向外、自上而下地舒展，像一朵朵绿色的玫瑰花。一棵金钱松要间隔3~5年才能结果1次。

赤皮青冈 | 铮铮铁骨，不腐之躯 |

如果想要探寻时间的痕迹，不妨去摸一摸赤皮青冈。

那粗犷的黄褐色主干携着粗糙树皮，向上攀长；裸露的部分根系，带着几分不羁，写满了岁月沧桑。

赤皮青冈是青冈属中相当珍贵的树种，湖南多称其为红椆。坚硬的木质是它“出圈”的理由。其硬度是松树的5倍，采伐时，新的锯子往往只能担得起1方赤皮青冈的采伐，换作别的树种，至少可以锯5方。

材质坚硬的赤皮青冈抗虫蛀蚀、遇火难燃、耐湿不腐，广受称赞，是江南四大名木之一。

【小名片】

赤皮青岗，常绿乔木，树型高大挺拔，叶片倒披针形，小枝、叶背、花序和苞片均密被灰黄色绒毛，坚果倒卵状椭圆形。喜光，幼时耐阴，耐寒，抗干瘠，酸性、中性土壤均能生长。适合栽植于海拔1000米以下地区。

【寻访坐标】绥宁县关峡苗族乡插柳村等地

【文】彭可心 【图】湖南省林业局

Part.5 第五章

清明

燕子来时新社，梨花落后清明。

天清气明，雨水渲染了哀思，也培养了生机。

新生命在勃发，新鲜的欲望在滋长，山林越发丰满，

每一根枝丫都在长叶或开花。

繁缕

平平无奇的小白花，
在春天的草地上
一天天蔓延出无尽的绿意。

【图】徐永福

梧桐
一候
桐始华
栽下梧桐树，自有凤凰来。

梧桐，凤凰非此树不栖

中国有句老话：栽下梧桐树，自有凤凰来。

在乔木的世界里，梧桐有着超凡地位。

古时殷实人家常在院子里、水井边，栽种梧桐，因为梧桐形态丰茂可彰气势，也因为作为神鸟凤凰唯一栖息处，梧桐象征着祥瑞。

在湖南省城市道路旁随处可见、树皮斑驳的“法国梧桐树”，并不是梧桐，它们的学名应作“二球悬铃木”。而梧桐树皮青绿平滑，因此又名青桐。

与大多树木早春竞发不同，梧桐是个“慢性子”。到春尽夏初，才有嫩黄的小叶子一点点萌发在秃枝顶头。就像孩子萌发乳牙，长出来要人等得心焦，一旦萌出却又长得飞快。

夏季，梧桐叶已长得密密层层，团扇大的叶片遮天蔽日，站在树下抬头看，简直望不见一丝空隙。漫画大家丰子恺的感触是：“那猪耳朵一般的东西，重重叠叠地挂着，一直从低枝上挂到树顶。窗前摆了几枝梧桐，我觉得绿意实在太多了。”可见，在房前屋后栽一棵梧桐，夏季准能享受沁人阴凉。

但这样繁华的光景只有一个夏天。一旦立秋，梧桐叶就会以

【小名片】

梧桐，别名青桐，落叶乔木。树皮青绿色；叶心形，掌状 3～5 裂。喜光，耐寒性不强，耐干旱，不耐水湿，不耐盐碱。适宜栽植在海拔 800 米以下平坦之地。树型优美；木材轻软；树皮纤维洁白，可造纸和编绳等；种子炒熟可食或榨油；全株药用。

【寻访坐标】各地城市干道或小区

【文】彭雅惠 【图】湖南省林业局

极快的速度由墨绿转成焦黄，北风一吹，“它们大惊小怪地闹将起来，大大的黄叶便开始辞枝”。正因梧桐到了秋季早早落叶，便有了“梧桐叶落，天下知秋”的说法，也由此常常引得文人们愁肠九转。

如此看来，一年中倒有大半时光，梧桐是光枝秃干的。但又何妨？若一生能见一眼凤凰，不也远胜他人了吗？

闽楠 | 此中有楠木，千载成英灵 |

楠木为“江南四大名木”之首，故宫太和殿内的 72 根大柱子，使用的便是楠木。楠木家族主要包括闽楠和桢楠，均已列为国家二级重点保护野生植物。我们在城市中看到的，大多为闽楠。

湖南东安县有一片楠木林，共 128 棵细叶桢楠，据传树龄大都在 500 岁以上，十分珍贵。湖南株洲攸县银坑乡建有一座楠木林文化园，这片古楠木林相传栽种于宋朝或明朝末年，17 株楠木中最大的一株，高达 20 余米，胸径 90 厘米，需要两个人才能环抱过来，可谓湖湘大地之奇了。

【小名片】
闽楠，别名楠木、竹叶楠，常绿乔木。适宜栽植在海拔 800 米以下的山脚或沟谷地区。高大通直，枝叶浓郁，树形优美，嫩叶红色；木材致密坚韧，心材金黄，芳香耐久，纹理美观。
【寻访坐标】株洲攸县银坑乡楠木林文化园
【文】彭可心 【图】湖南省林业局

水杉 | 这是来自亿万年前的美丽 |

水杉为中国特产稀有树种，原产于四川、湖南、湖北等地。远在中生代白垩纪，地球上就已出现水杉类植物。科学家只在中生代白垩纪地层中发现过水杉的化石，直到 1943 年，植物学家在四川万县磨刀溪路旁发现了存活的水杉，引起世界震动，水杉又被誉为植物界的“活化石”。

在湘西土家族苗族自治州龙山县洛塔乡境内，生长着 3 株罕见的国家一级重点保护珍稀植物天然古水杉。3 株古水杉中最高的一株达 46 米，是湖南省发现最高的古树，也是中国水杉最高树。

【小名片】

水杉，别名梳子杉，落叶乔木。适宜栽植在海拔 1500 米以下地区。树姿优美，秋叶变黄，为著名庭园树种；心材褐红色，纹理直，是较好的用材树种。

【寻访坐标】长沙烈士公园

【文】彭可心 【图】湖南省林业局

二候
田鼠化为鴽
在那些人迹罕至的地方，
珙桐度过了无数个古老寂静的春天，
那是我们无法想象的漫长岁月。
珙桐

“鸽子花”开，一眼千万年

在寂静的八大公山天平山，在潮湿的壶瓶山珙桐湾，野生珙桐纯洁的“鸽子花”开在人迹罕至的地方，度过了无数个古老寂静的春天，那是我们无法想象的漫长岁月。

这一次，在烟火长沙的细雨中，珙桐静静地开花了。经过近20年的引种栽培，这种植物界的“活化石”，2021年4月首次在长沙开花。

开花的珙桐，种植在中南林业科技大学图书馆旁，于2006年从八大公山引种栽培。

事实上，如白色鸽子的“花瓣”是珙桐花的苞片，紫红的“鸽头”才是珙桐的头状花序。

刚刚张开的珙桐花苞片还是浅绿色的，在雨水的冲洗下慢慢变成白色，如欲飞的白鸽，使人联想起欢乐、和平、烂漫……欧洲人因此把珙桐称为美丽的“中国鸽子树”。

“珙桐能在长沙开花实在太让人惊喜了。”湖南省森林植物园植物多样性研究所所长牟村介绍，珙桐被称作“植物中的大熊猫”，是1000万年前新生代第三纪留下的孑遗植物。在第四纪冰川时期，大部分地区的珙桐相继灭绝，只在我国华中地区地形复杂的

【小名片】

珙桐，落叶乔木。成熟的珙桐能长到15米高，最高可达30多米，树形高贵美丽。在中国，珙桐自然种群主要分布在四川、重庆、贵州、云南、湖南、湖北等地，在湖南桑植县八大公山天平山海拔700米处，发现了上千亩的珙桐纯林，是目前发现的珙桐最集中的地方。

【寻访坐标】中南林业科技大学图书馆旁

【文】周月桂 【图】童迪

小范围山川得以幸存，成为植物界今天的“活化石”，已被列为国家一级重点保护野生植物。

多年来，湖南省林业局和湖南省森林植物园在珙桐繁育栽培方面做了大量工作，从八大公山、壶瓶山等地陆续引种数百棵珙桐。“珙桐对生境要求极为苛刻，难以在长沙城区成活和开花结果。”牟村介绍，目前，国内已经成功对珙桐实现了人工繁育。湖南省森林植物园正积极开展珙桐的繁育技术研究和实践工作，为珙桐营造更为适宜的生境，让这一“国宝植物”能够真正定居长沙。

长果安息香 | 安息香科小仙女，养在深山人未识 |

人们一度把长果安息香当作湖南特有种，仅在石门县壶瓶山与桑植县八大公山发现野生植株，分布生境极其狭窄。近年来的调查发现，湖北秭归县也有少量野生植株。湖南省森林植物园国际植物园保护联盟（BGCI）项目组调查显示：目前已调查到的野

【小名片】
长果安息香，又名长果秤锤树，安息香科长果安息香属落叶乔木。国家二级重点保护野生植物，极小种群植物，世界自然保护联盟（IUCN）评估等级为濒危（EN）。野外资源稀少、分布范围狭窄，生长于海拔300～500米的山地水溪边。花期4个月，果期6个月。
【寻访坐标】石门县壶瓶山、八大公山国家级自然保护区
【文】周月桂 【图】谷志容

生数量是 120 株左右。

湖南省森林植物园从 1990 年开始对长果安息香进行迁地保护、扦插繁殖等研究。目前，湖南省植物园迁地保育成功的长果安息香有 20 余株，今年有几株已开花并且顺利挂果，1300 株扦插繁殖苗已盆栽，即将进入下阶段研究。

紫玉兰 | 时时春梦里，一树女郎花 |

虽都名“玉兰”，紫玉兰与玉兰并不是同一种植物。玉兰是落叶乔木，春天刚到花就已早早开过，先开花后长叶；紫玉兰则是灌木，最高可达 3 米，仲春时节才默默绽放，花叶同长。

紫玉兰的小名，可能会更为人熟知——木兰。传说中的巾帼英雄花木兰，正可为木兰花代言。白居易就说：“怪得独饶脂粉态，木兰曾作女郎来。”

现实中的紫玉兰，同样不止步于美貌。除作为名贵的观赏植物外，紫玉兰还是一味重要中药材，被称为辛夷，是治疗鼻炎等病的名药。

【小名片】
紫玉兰，又名木兰、辛夷，属木兰科木兰属落叶灌木，花被片 9～12 片，外面紫红色，内面带白色，3—4 月进入花期，是优良的庭园、街道绿化植物。紫玉兰在我国栽培历史已有 2000 多年，2009 年被列入《世界自然保护联盟濒危物种红色名录》。

【寻访坐标】各地公园、小区

【文】彭雅惠 【图】徐永福

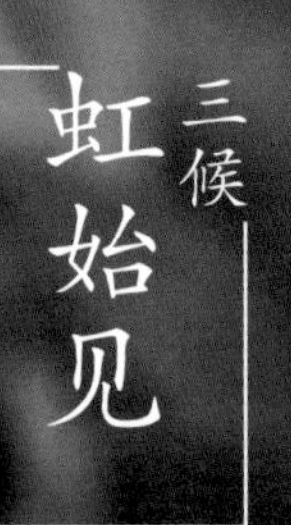

三候 虹始见

络石花开，清风自来。

络石

小风车呼啦啦开满一面墙

伴着春末骄阳和阵雨，络石盛开了。

远远看去，络石洁白清新的花朵开满枝头，与翠绿色的枝叶相映衬，大片大片爬满墙头。走近一看，一朵朵白色的小风车随风摇曳，是属于春末夏初的清新和生机。

因为这些小风车花朵，络石又有个别名叫“风车茉莉”。

络石属于夹竹桃科络石属常绿木质藤本，和茉莉为不同科属，但络石开花时花量极多，馥郁幽香，花期可长达两个月之久，也有人评价它“不是茉莉，胜似茉莉”。

络石是院子里的爬墙高手，只要日照适宜、通风良好，它呼啦啦地就能爬满一面墙。

作为爬藤花卉，络石很容易塑造成多种造型，在园艺中颇为流行。假如想打造浪漫的求婚场景，或者花卉墙，络石是个不错的选择。

野生的络石主要生长于山野、溪边、路旁、林缘或杂木林中，常缠绕于树上或攀缘于墙壁、岩石上。

《神农本草经》中记载：络石主风热死肌痈伤，口干舌焦，痈肿不消，喉舌肿，水浆不下。所以农村老百姓常将络石入药，祛风湿，舒筋活络，清热解毒。

【小名片】

络石，夹竹桃科络石属常绿木质藤本，生长速度快，零摄氏度以下叶片呈美丽的红褐色，4—5月陆续开花，白色右向旋的小花布满全株，芳香浓郁，花期长达两三个月。适宜生长在温暖、湿润、半阴处，耐烈日高温，阴面阳面均可生长，忌水涝。

【寻访坐标】八大公山国家级自然保护区，湖南省城乡各处边坡、建筑墙面等

【文】彭可心 【图】徐永福

海桐 | 星光下花香渐渐清晰 |

暮春的暖风缓缓吹散驳杂气味，星光下花香渐渐清晰。海桐花，是香气的来源之一。

这种湖南极常见的绿化植物，枝叶茂密，深绿油亮，四季不改。从3月起，海桐就开始静静开花，5片细小花瓣组成小白花，雌雄花蕊蜷缩在花瓣中心，普通得乏善可陈。

越是不起眼的花，香起来越是惊艳，海桐恨不能将整个小区、整条街道都染上甜香，因此被人称作“七里香”。不过，很多香花植物被称作“七里香”，周杰伦那朵“七里香”是谁就说不好了。

【小名片】
海桐，海桐科海桐花属常绿灌木或小乔木，最高可达6米，嫩枝被褐色柔毛。叶聚生于枝顶，革质；伞形花序顶生或近顶生，花白色，有芳香，后变黄色；蒴果圆球形，直径约12毫米。海桐花期4—5月，果熟期5—10月。

【寻访坐标】湖南烈士公园等地

【文／图】彭雅惠

山莓 | 红珊瑚珠攒成了小球，珍藏着山野的清甜 |

春夏交替变换之际，正是吃山莓的时候。

鲁迅先生在《从百草园到三味书屋》里描写覆盆子："像小珊瑚珠攒成的小球，又酸又甜，色味都比桑葚要好得远。"山莓果实基本上也长这样，它与覆盆子同为蔷薇科悬钩子属植物。

人们习惯将许多灌木、半灌木的小核果集生于花托上形成的聚合果，统称为树莓，在湖南乡下，一般简洁地称为"泡"。春末成熟的"泡"主要有山莓、蓬蘽、覆盆子、空心泡等 4 种，其中山莓最常见，是童年记忆里一抹挥之不去的山野清甜。

【小名片】

山莓，蔷薇目蔷薇科悬钩子属落叶直立灌木，高 1～3 米。2—3 月为花期，花单生或少数生于短枝上，花瓣呈椭圆形，白色；4—6 月为果期，果实由很多小核果组成，近球形或卵球形，直径 1～1.2 厘米，红色，密被细柔毛。山莓果实酸甜多汁，营养丰富。

【寻访坐标】张家界武陵源风景名胜区等地

【文】彭雅惠 【图】徐永福

Part.6
第六章

谷雨

雨生百谷，土膏脉动。

春季进入最后一个节气，俗话说『清明断雪，谷雨断霜』，即使在中国的最北边，雪霜天气至此也彻底消失。

暮春时节，春风和融，草色青青，繁花似锦，农人初插秧苗，新种作物，绵绵春雨的滋润令农作物进入生长最佳时期。

家燕

入百姓家，
说梁间语。

【图】张家明

一候
萍始生
在春水的柔波里，
做一条招摇的水草。
荇菜

中国人的爱情启蒙草

关关雎鸠，在河之洲。

窈窕淑女，君子好逑。

参差荇菜，左右流之。

窈窕淑女，寤寐求之。

《诗经》第一篇写爱情，牵人情思的是荇菜。

但凡读过《诗经》者，哪怕只是读读“杀头书”，也没有不知道荇菜大名的。

在过去极为长久的岁月中，《关雎》启蒙了古人的爱情。因此，荇菜算得上中国人的爱情启蒙草。

春水柔波唤醒许多水生植物，洞庭湖湿地不复严冬的荒芜，大量水草迅速返青。其中有一种水草美得出众，油绿的圆叶裂开一处尖口，形成完美的心形，精巧别致，叶片接连而生覆盖水面；茎枝匍匐水下，纤细柔嫩，水波荡漾时，当真一派“牵风翠带长”的风姿。这就是荇菜。

等到春意再深一些，荇菜还将绽放荇花，嫩黄明亮，日出照之如金。曾有诗人用荇花来形容倾国倾城的李夫人：“迎风细荇传香粉，隔水残霞见画衣。”

【小名片】

荇菜，睡莱科荇菜属多年生水生草本植物，一般3—4月返青，4—10月开花结果，9—10月果实成熟。适生于池沼、湖泊、沟渠、稻田、河流或河口的平稳水域，要求水域具有多腐殖质的微酸性至中性底泥和富营养。其根茎生长于水底泥中，茎枝悬于水中，生出大量不定根，叶漂浮于水面，花儿挺出水面。

【寻访坐标】洞庭湖湿地等地

【文】彭雅惠 【图】徐永福

除了和爱情一样美好，荇菜也如爱情一样脆弱。它对水质要求极高，水体稍有污染，它们就会成片死亡，直至绝迹。因此，荇菜又被称为“水镜草”。

随着湖南水生态环境治理和修复，近年来，越来越多野生荇菜群落在洞庭湖等水域出现，为共生浮水植物生态系统补上关键一环。作为浮生植物旗舰物种，荇菜群落的扩张，预示着更多伴生水生植物将逐渐回归湖南。

诸葛菜 | 悄悄扎根，在不经意间惊艳所有人 |

季羡林曾写过：“在宅旁、篱下、林中、山头、土坡、湖边，只要有空隙的地方，都是一团紫气，间以白雾，小花开得淋漓尽致，气势非凡，紫气直冲云霄，连宇宙都仿佛变成紫色的了。”

老先生写的“一团紫气”是一种叫诸葛菜的小花，因为最早出现在农历二月，又称二月兰。整个春天，诸葛菜都能大片开放，开成一片紫色花海，气势十足，又温柔缱绻。

【小名片】

诸葛菜，十字花科诸葛菜属一年或二年生草本植物，高可达 50 厘米。花期 2—5 月，果期 5—6 月，花朵为紫色、浅红、白色，种子呈长圆形或者卵形，颜色呈黑棕色。茎叶可以食用，种子可榨油。我国东北、华北、华东、华中都有分布。

【寻访坐标】湖南省森林植物园、长沙园林生态园、中南林业科技大学等地

【文】彭可心　【图】徐永福

传说诸葛亮曾用它补充军粮，因此后世称其为“诸葛菜”。诸葛菜仍然是人们常吃的野菜，凉拌、烫火锅、爆炒……鲜香中略带苦味，就像把春天和泥土的韵味糅合在一起。

紫藤 | 辞春迎夏，一帘紫色幽梦 |

这个春天，见过桃花海，赏过樱花雨，最后以一场紫藤花瀑作别春光。

紫藤是攀缘植物，它们缘木而上，条蔓纤结，与树连理。花开时，粉紫的花朵数不胜数，结成花穗垂挂枝头，迎风摇曳，灿烂繁华，远望似一片东来紫气，立于花下又如梦如幻，如入紫色瀑布。

诗仙李白也深为陶醉，曾作诗：紫藤挂云木，花蔓宜阳春。密叶隐歌鸟，香风留美人。

紫藤的美好，不止于花。紫藤寿长，生命力顽强，越是历经岁月越茂盛美好。因此，我国民间视其为长寿之木，各地普遍栽种。

【小名片】

紫藤，落叶藤本植物，奇数羽状复叶，先花后叶或花叶同放，花为紫色，花冠似蝶并且有芳香，花季紫穗满垂，荚果倒披针形，悬垂枝上不脱落，有种子 1～3 粒。适宜栽植于海拔 1000 米以下地区，需要土层深厚、排水良好、肥沃的土壤。

【寻访坐标】湖南烈士公园等地

【文】彭雅惠 【图】田超

二候

鸣鸠拂其羽

漫山遍野，无收无管，
天生自由烂漫的性情和艳丽无俦的容貌。

杜鹃

杜鹃何以称作“映山红”

人间四月，杜鹃花发、映山红遍，让满山春意越发黏稠如浆。

不入山林，焉知杜鹃何以称作“映山红”？漫山遍野，无管无收，色浓花密，热烈而张扬。人们在城市绿化带里见到的杜鹃多为低矮灌木，深山里的杜鹃花却可高达数米，成树成林。

其实，杜鹃是杜鹃花科杜鹃花属木本植物的统称，杜鹃花属很大，种类极富变化，野生种达上千种。湖南自然分布的杜鹃属植物目前确认有 62 种 1 个变种，有阳明山杜鹃、张家界杜鹃、天门山杜鹃等 10 多个特有种。每年从 3 月开始，湖南便有 60 多种杜鹃花依次绽放。云锦杜鹃灿烂如霞，大钟杜鹃浓艳庄重，鹿角杜鹃轻盈清丽，映山红燃遍山野……

“何须名苑看春风，一路山花不负侬。日日锦江呈锦樣，清溪倒照映山红。”宋人杨万里的诗句里，杜鹃花是野生野长的山花，有着自由烂漫的性情和艳丽无俦的容貌。杜鹃花的头号“粉丝”白居易更是赞曰：“花中此物似西施，芙蓉芍药皆嫫母。”又称：“回看桃李都无色，映得芙蓉不是花。”

大部分杜鹃花为红、粉、紫、白色，唯有羊踯躅为黄色且有

【小名片】

杜鹃，杜鹃花科杜鹃花属落叶灌木，高 2～5 米。叶革质，常集生枝端，卵形，边缘具细齿，叶背密被褐色糙伏毛；花簇生枝顶，花冠阔漏斗形，玫瑰色、鲜红色或暗红色，上部裂片具深红色斑点；蒴果卵球形，密被糙伏毛。花期 4—5 月，果期 6—8 月。

【寻访坐标】湖南省森林植物园、株洲酃峰等地

【文】周月桂 【图】张帆

剧毒。据《本草纲目》记载，羊吃了这种植物后会走不稳路、倒地而死，因此名“羊踯躅”。古装武侠电视剧经常出现的神秘“蒙汗药”，据称就是由羊踯躅与曼陀罗等制成。

木鱼坪淫羊藿

| 从嫩绿的花边袖口，伸出了一只小精灵的爪子 |

1200 多年前，唐宋八大家之一的柳宗元被贬湖南永州，气郁加上气候不适应，他双腿风湿痹痛，不能行走。当地人向他荐药治病:“及言有灵药，近在湘西原”。

这个灵药，就是生长在湖南的淫羊藿。

中国有多达 58 种淫羊藿，14 种已在湖南发现，木鱼坪淫羊藿是其中一种，有可能正是它治好了柳宗元的腿病。

4 月风暖，木鱼坪淫羊藿开花，花瓣呈窄窄一线，每朵花 4 片花瓣，绽放时像从嫩绿的花边袖口里伸出一只张开或半合的小爪，小爪正中立着一簇黄绿色花蕊，精致又精怪。

【小名片】
木鱼坪淫羊藿，小檗科淫羊藿属多年生草本植物，植株高 20～60 厘米。一回三出复叶基生和茎生，小叶革质，狭卵形，叶背面苍白色，微被伏毛，叶缘具密刺齿；花期 4 月，总状花序具 14～25 朵花，长 15～30 厘米，花瓣淡黄色，呈钻状距，显著向上弯曲。

【寻访坐标】永顺县灵溪镇高峰村

【文】彭雅惠 【图】张帆

油点草

|从古书中走出的“珍异之物”，一花开“双层”，怪异莫测|

唐人笔记小说集《酉阳杂俎》，一部分写志怪传奇，一部分记载国内各地与异域珍异之物。油点草就是作为“珍异之物”被记录其中。

之所以将其命名为油点草，是因为这种植物的叶片上毫无规则地散布深色斑块，状若胡乱泼洒的油渍。

油点草的花更怪——开花后花瓣反向弯曲，白底布满紫色斑点，花朵中心的花蕊膨大得出格，高高耸起，顶端雌雄蕊均向四面八方绽开，弯弯垂下，也是白底布满紫色斑点，乍看一眼，让人误以为一朵花开了两层，顿生妖异之感。

【小名片】

油点草，百合科油点草属多年生草本，植株高可达1米。叶卵状椭圆形、矩圆形；花序顶生或生于上部叶腋，花被片为绿白色或白色，内面具多数紫红色斑点，开放后自中下部向下反折；6根雄蕊高高伸出，末端向下垂落，雌蕊的柱头大幅度3裂，裂片密生腺毛。

【寻访坐标】壶瓶山国家级自然保护区

【文】彭雅惠 【图】张帆

三候

戴胜降于桑

紫冠采采褐羽斑，
衔得蜻蜓飞过屋。

戴胜

戴了个“胜”的家伙，那么臭又那么美

“胜”是指古代女性的一种华丽头饰，又称“华胜”。

戴胜头顶棕红色的冠羽，平时收拢着，像个小背头，并无特别之处。在受惊、兴奋或者求偶时，头顶上的羽毛会“哗啦啦”地竖起来，像一把纵向直立的羽扇。

古人认为，这个模样像极了女子头戴华胜的样子，戴胜之名由此而来。

在动物名称中，很少有戴胜这种动宾结构的组合方式，而且名字中根本看不出它属于哪一类鸟。它几乎自成一家，没什么亲戚可以与之类比。在中国动物分类上，它也是一鸟独霸一科，就叫戴胜科。

戴胜很爱“臭美”，不过这“臭美”，却是又臭又美。

外表光鲜亮丽的戴胜，浑身上下都散发臭味，就连鸟蛋和巢穴都是臭烘烘的。因为它“咕咕”的叫声，又有个外号叫“臭姑姑”。

这臭味从哪里来的呢?

原来，戴胜不太讲究个人卫生。特别是繁殖季节，雌鸟在窝里孵蛋期间，完全不出窝，吃喝拉撒都在窝里解决，窝里又脏又

【小名片】

戴胜，犀鸟目戴胜科鸟类，别称花蒲扇、鸡冠鸟、臭姑姑。栖息于山地、平原、森林、林缘和果园等开阔地方，尤其以林缘耕地生境较为常见。繁殖期5—6月。在中国有广泛分布，长江以北地区属夏季候鸟，长江以南地区为留鸟。

【寻访坐标】岳麓山

【文】彭可心 【图】张京明

臭。不仅如此，雌鸟还会分泌一种带有恶臭的油脂，让鸟巢臭气熏天，它还会将这些油脂均匀地抹在鸟蛋上。

别小看这些臭味，可是有大用途。

戴胜飞行速度并不突出，身材比较瘦小，要是依靠平常的攻击手段来保护自己，那基本上是砧板上的肉，任人拿捏。有了这臭味，敌人都避之不及，鸟蛋还能降低细菌的滋生，提高孵化成功率。

白胸苦恶鸟 | 最会诉苦的鸟，闻者伤心 |

按照形态、羽毛颜色不同，苦恶鸟又分为几种，在洞庭湖湿地的主要是白胸苦恶鸟。之所以被称为“苦恶”这样奇怪的名字，实在是由于其叫声太令人印象深刻：先是委屈不平的“苦、苦、苦……”之音，随即是悲切的号啼“苦恶、苦恶、苦恶……”一声紧似一声，音大声悲。

【小名片】
白胸苦恶鸟，鹤形目秧鸡科的中型涉禽。头顶及上体灰黑色，脸、额、胸及上腹均为白色。翅膀短圆，不善长距离飞行，尾短，脚大，趾长，体态轻盈，善于陆地行走。主要活跃在湿地、河流、湖泊周围以及沼泽、水田等处。

【寻访坐标】洞庭湖湿地

【文】彭雅惠 【图】甘惠婷

虽然大部分时间“蜗居”在湿地植物丛中，白胸苦恶鸟其实拥有水陆空三栖能力，极善奔跑，动作如同小型鸵鸟，不论在凹凸不平的石滩和河床跋涉，还是在芦苇和水草丛中潜行，都如履平地。

紫水鸡 | 水边的紫衣仙子，天边的白云秋色 |

紫水鸡，因其艳丽的羽毛，优雅的姿态，被誉为“世界上最美丽的水鸟”。在中国比较罕见，洞庭湖边，偶尔能看到它美丽的倩影。

紫水鸡有一双大脚，不仅能让它行走时犹如“水上漂”，修长的脚趾还能移动石块和翻动植物，抓住和撕碎食物。

20 世纪 90 年代前后，紫水鸡在中国一度销声匿迹、不见踪影，在 2016 年发表的《中国脊椎动物红色名录》中，它被列为易危物种。最近十多年，紫水鸡陆续在我国南方的一些沼泽、湿地现身，分布地点有所增多，但种群数量依然有限。

【小名片】
紫水鸡，鹤形目秧鸡科鸟类，中型涉禽。栖息于有水生植物的淡水或咸水湖泊、河流、池塘、水坝、漫滩或沼泽地中。繁殖期 4—7 月，每窝 3～7 枚卵。在中国有 2 个亚种分布，种群数量极为稀少。
【寻访坐标】东洞庭湖国家级自然保护区
【文】彭可心 【图】张京明

Part.7
第七章

立夏

立夏，阳气渐长，万物茁壮成长。
花朵开了一茬又一茬，蝴蝶们从漫长的梦里醒了过来。
充足的光照、适宜的温度以及充沛的雨水，
让藏在密林深处的更多植物也伸着懒腰苏醒过来，
和夏天热烈拥抱。

蓝喉蜂虎

和美的事物相遇，
是一件值得认真对待的幸事。

一候 蝼蝈鸣

春风中，
蝴蝶从漫长的梦里醒了过来。

中华虎凤蝶

罕见！1000余只“国宝级”蝴蝶乐居乌云界

3月底的一天，我们走进湖南乌云界国家级自然保护区，踏上了寻找“国宝级”蝴蝶——中华虎凤蝶的旅程。

中华虎凤蝶是中国特有的一种野生珍稀蝴蝶，其起源比“猿人”更为古老。2012年，它已经被列入《世界自然保护联盟濒危物种红色名录》，《国家重点保护野生动物名录》将中华虎凤蝶列为国家二级保护动物。因其翅上斑纹黑黄相间，酷似虎皮，因而得名虎凤蝶。它一年一代，成蝶每年在惊蛰后出现，能欣赏到蝴蝶的时间仅20来天。

乌云界国家级自然保护区位于湖南省桃源县南部，这里是中华虎凤蝶的“大本营”之一。近年，该保护区加强对中华虎凤蝶栖息地的保护，种群数量稳定在1000多只，成为我国中华虎凤蝶种群数量最大的地区之一。

中华虎凤蝶是细辛的殷切追随者。而野生细辛（马兜铃科植物），是一种对环境有诸多奇怪要求的植物。细辛喜欢深厚的腐质层，肥沃的灌丛，林缘地带，讨厌强光直射。可是，过于郁闭的林下，它又懒于生长；稍微充沛的雨水，则会让它患上叶枯病。

乌云界海拔800米以上，漫山遍野的芭茅丛，没有高大乔木，

【小名片】

中华虎凤蝶，翅展55～65毫米，雌雄同型。是中国独有的一种野生蝶，被昆虫专家誉为“国宝”，主要分布在长江流域中下游地区。保护中华虎凤蝶，首先要保护其栖息地，同时不允许人们打扰、捕捉它。

【寻访坐标】乌云界国家级自然保护区

【文/图】张京明

阳光通透无碍，细辛低伏在茅草中，不至于被暴晒……得天独厚的优势，成了细辛的乐土。

春天是个“播种”的季节。中华虎凤蝶会寻找细辛生长比较密集的地方，在叶子反面均匀地产卵。中华虎凤蝶幼虫孵出卵壳后，嫩叶成了美食。

随着气温上升，中华虎凤蝶开始活跃起来，飞翔的、访花的、谈情说爱的……它们的世界开始沸腾起来。

青凤蝶 | 身着玉带，穿风而过 |

湖南多樟树，也多青凤蝶。青凤蝶宝宝，最喜欢寄生于樟树、阴香。

春日渐暖，虫蛹羽化，青凤蝶伸展皱缩的翅膀，集齐全身洪荒之力，将体液从腹部压向翅脉，超大液压撑大原本皱缩的翅膀，展翅高飞。

【小名片】
青凤蝶，属于鳞翅目凤蝶科凤蝶属，别名樟青凤蝶、青带樟凤蝶或者青带凤蝶，是我国最常见的一类蝴蝶。青凤蝶有春、夏型之分，春型稍小，翅面青色斑列稍宽。青凤蝶幼虫主要以樟科植物为寄主，在湖南很常见。
【寻访坐标】各公园景区
【文】彭雅惠 【图】张京明

在野外，青凤蝶非常好辨认，它们翅膀正面黑色，前翅有1列青色方斑，后翅前缘中部到后缘中部有3个青色的斑，这些青色斑纹连起来，看似一条玉带。它们飞翔力强，喜欢访花吸蜜，从3月到10月都可以看见它靓丽的身影。

大绢斑蝶 | 蝴蝶一定飞不过沧海吗 |

在蝴蝶界，有一位著名的“远距离飞行选手”——大绢斑蝶。人们常说，“蝴蝶飞不过沧海”，大绢斑蝶却可以飞越沧海，寻找命中注定的邂逅。

2011年，一只大绢斑蝶由日本飞到香港过冬，“飞行里数”长达2500千米，为全球已知距离第二长的蝶类迁飞路线。

大绢斑蝶有长途迁徙的勇气和决心，大概是因为“毒”。它们从幼虫时起，就开始以富含生物碱的植物为食，体内积聚有大量毒素，这些毒素很好地保护它们免受侵害。

【小名片】
大绢斑蝶，中大型斑蝶。1年多代，成虫在南部全年可见，但夏季多局限在海拔较高地区出没，北部则仅在夏季出现。本种已被证实会作长距离的季节性迁飞，曾在华东、台湾和香港发现来自日本的个体，台湾标放的个体亦曾在日本被捕获。
【寻访坐标】黄桑国家级自然保护区
【文】彭可心 【图】陈锡昌

绿凤蝶

蚯蚓出

二候

迎风振翅，仗剑而翔。

仗剑走天涯

十年磨一剑，霜刃未曾试。今日把示君，谁有不平事。

可惜，绿凤蝶没有十年时间来磨它的“剑”。

在“美蝶”频出的凤蝶科，绿凤蝶算不上佼佼者。它们展开翅膀，大约 6～8 厘米，只是中等体型；翅膀呈淡黄白色，其上规律分布 7 条黑褐色带状斑纹，整体看来，无美艳可言，倒有素简飒爽之风。但绿凤蝶有“剑”，令人印象深刻。它们的翅膀尾端有尾突，细长，逐渐收窄变尖，很像随身佩带两把宝剑，在短暂的生命中，“剑”在蝶在，“剑”毁蝶亡。

这种以淡黄白色为主色调的蝴蝶，为什么命名为“绿凤蝶”？当它合拢翅膀，你就明白了。绿凤蝶翅膀的反面远比正面精彩，半部分黄白，半部分浅绿，间杂黑褐色条纹和圆斑，十分漂亮。并且绿凤蝶的末龄幼虫、蛹，皆为翠绿色，所以名中带“绿”也算名副其实。

在我国，绿凤蝶活动范围广泛。从现在开始，直到深秋，绿凤蝶都可以迎风振翅，在华中南部、华南地区和西南地区仗剑走天涯。

【小名片】

绿凤蝶，中型凤蝶，翅淡黄色，前翅前缘和外缘具黑色斑带，翅腹面基部区域呈黄绿色，后翅具 1 对狭长的黑色尾突，中部黄色，两边黑色。雄雌同型。绿凤蝶的卵为圆形，呈淡黄色；初龄幼虫体色为黄；3～4 龄幼虫胸背部具黑色细横纹，尾部具 1 对白色尖突；末龄幼虫变为绿色，胸背部具 3 对黑色小棘刺和深绿色斑带、腹背部具淡色颗粒状小点、身侧具淡绿色斜纹。幼虫寄主为番荔枝科紫玉盘、假鹰爪等植物。

【寻访坐标】长沙烈士公园

【文】彭雅惠 【图】张京明

孔鬘眼蝶 | 当你凝视它，它用浑身“眼睛”瞪你 |

在湖南，孔鬘眼蝶是一种常见眼蝶，通体灰扑扑的，不甚起眼。大概也因为如此，它们的繁衍状态比较好，毕竟，低调是最好的保护。

孔鬘眼蝶翅膀正面有 4 只“眼睛”，反面有 8 只。仔细看来，众多的“眼睛”长得并不完全一致，大体上是黑底黄圈，但有些内有“双瞳”，有些则只有“单瞳”。当然，不论几个“瞳孔”，这些“眼睛”都看不见，只是眼形斑纹。

多数眼蝶都是有害物种，孔鬘眼蝶也不例外，它们喜欢吸食树木汁液，如果数量过多，对于植被来说也是一种威胁。

【小名片】

孔鬘眼蝶，小型眼蝶，翅膀背面为深褐色，雄蝶前翅近顶角和后翅近臀角处各具 1 个眼斑，眼斑外围有暗黄色环纹。雌蝶斑纹同雄蝶，但眼斑较雄蝶发达。孔鬘眼蝶 1 年多代，成虫多见于 3 月至 9 月。

【寻访坐标】湖南省森林植物园

【文】彭雅惠 【图】张京明

美凤蝶 | 飞飞双凤蝶，低低两差池。寄语相知者，同心终莫违 |

梁山伯与祝英台的动人故事，已经在民间流传了 2000 多年。我国有 2000 多种蝴蝶，梁山伯和祝英台究竟“化成”的是哪一种呢？

1996 年中国昆虫学会蝴蝶分会通过《中国蝴蝶》杂志曾发布信息，认为“梁祝蝴蝶”属于凤蝶科。

美凤蝶是南方蝶种，自然展翅时，宽度可达 18 厘米，能够覆盖住一只手掌，在蝴蝶大家庭中算十分“庞大”了。由于它们常常雌雄蝶上下翩舞，形影相随，广东、云南等地民间称之为“梁祝凤蝶”，常生于长江以南，广东、云南一带较为常见，江浙一带也有分布。

【小名片】
美凤蝶，大型凤蝶。一年多代，成虫全年可见。幼虫寄主为芸香科柚子、柠檬、柑橘等植物。分布于秦岭以南广大区域。

【寻访坐标】八大公山国家级自然保护区

【文】彭可心 【图】张京明

三候
王瓜生
衡山深处岁月深。
枝叶青翠婆娑舞。
绒毛皂荚

全世界仅存 6 株野生植株的衡山“特产”

南岳衡山上，生长着 6 株野生绒毛皂荚。这是属于衡山的“特产”，也是世界上仅存的 6 株绒毛皂荚。

绒毛皂荚首次被发现是在 1954 年，这个豆科中较为原始的植物，在第四纪冰川运动之前就已经存活，算是南岳的“活文物”。

绒毛皂荚的荚果上被黄绿色绒毛所覆盖，叶片为两回羽状复叶。树冠优美，枝叶婆娑，青翠碧绿，密被金黄色绒毛的荚果悬垂枝头，微风吹动，闪过一阵金光，煞是好看。

《世界自然保护联盟濒危物种红色名录》(简称 IUCN 红色名录)中将绒毛皂荚评估为极危树种，它也是国家二级重点保护野生树种。

其实绒毛皂荚树寿命颇长，在衡山最大的一株超过百年，为何面临濒危呢?

绒毛皂荚是雌雄异株植物，荚果成熟后难以开裂，种子发芽率很低，在自然状态下更新能力很弱。加上过去人们对之认知不够，以为是普通山皂荚，被随意砍伐，从而造成绒毛皂荚临近野外灭绝状态。

2021 年 5 月，从衡山传来了一个好消息——

【小名片】
绒毛皂荚，豆科皂荚属落叶乔木。特产于湖南衡山，全世界存在的野生数量仅有 6 株，生于海拔 950 米的山地，路边疏林中。花黄绿色，组成穗状花序，腋生或顶生；花单性；花瓣 4；荚果带形，密被黄绿色绒毛；花期 4—6 月，果期 6—11 月。

【寻访坐标】南岳衡山

【文】彭可心 【图】张帆

衡山海拔 800 米处的广济寺旁，一株天然更新的绒毛皂荚原生幼树发出了鲜嫩的绿芽。这株新发芽的幼苗是 2019 年 11 月新发现的，是自 1954 年首次发现野生绒毛皂荚后，迄今为止的唯一一株天然次生林下自然萌生的小幼苗，发现时生长状态堪忧，而今又重新焕发勃勃生机。

现在，湖南衡山南岳树木园已指定专人保护，绒毛皂荚的人工繁育已经取得成功，迁地保育在湖南省森林植物园的绒毛皂荚每年也会开花结果。

水松 | 老树苍然，世事婆娑 |

在郴州市南岭植物园苗木培育基地，人工培育的水松苗已经满了 5 岁，亭亭玉立，绿影婆娑。它们的“妈妈”是生长在资兴市州门司镇燕窝村的一株 1200 岁的野生水松，也是湖南省树龄最老的野生水松。

顾名思义，水松生长于湿生环境，但它并不是真正的“松树”，实际上为杉科半常绿乔木。由于生存能力下降、生境破坏等问题，

【小名片】

水松，杉科水松属半常绿乔木，为中国特有单种属树种，分布于我国广州珠江三角洲和福建中部及闽江下游海拔 1000 米以下地区。野生植株一般高 8～10 米，稀高达 25 米，生于湿生环境者，树干基部膨大成柱槽状，并且有伸出土面或水面的吸收根。

【寻访坐标】郴州市南岭植物园苗木培育基地

【文】彭雅惠 【图】湖南省森林植物园

水松成为国家一级保护植物、《世界自然保护联盟濒危物种红色名录》中的易危物种。

目前，水松在全球总株数不足 1000 株，并且逐年减少。保护工作刻不容缓。

落叶木莲 | 携带着古老的物种信息，衔接起木莲属与木兰属 |

永顺县小溪国家级自然保护区，1000 多株落叶木莲聚成了全世界最大落叶木莲野外种群。

这种中国特有的古老珍稀濒危植物呈孤岛分布，自然群落仅分布在湖南永顺境内和江西宜春明月山。作为国家重点保护野生植物，落叶木莲被列入《国家重点保护野生植物名录》，并被写入濒危植物红皮书。

木兰科中，木兰属和木莲属容易混淆。落叶木莲是个“异类”，是木莲属中罕见的落叶乔木。这一属性打破了大家对木兰科木莲属植物四季常青的认知，也为木兰科的木莲属与木兰属之间找到了一种相互衔接的链环。

【小名片】

落叶木莲，又叫灰木莲、华木莲，为木兰科木莲属落叶乔木。为高山树种，高可达 26 米，胸径 80 厘米，树皮灰白平滑，芽及小枝无毛；花被 9 片，乳白色或乳黄色；聚合果卵圆形或近球形；花期 4—5 月，果熟期 9—10 月。

【寻访坐标】永顺县小溪国家级自然保护区

【文】彭可心 【图】张帆

Part.8
第八章

小满

夏意盈盈，江河渐满。
梅子黄时雨，就是从这个时候开始。
此时，中国大部分地区都已经能感受到夏天的气息，
南北温差进一步缩小，降雨量越发充足。
大自然里，各种植物都变得丰满茂盛，
北方地区的麦类等夏熟作物籽粒已开始饱满，
向成熟迈进了一大步。

七姊妹

蔷薇花开夏清浅。

【图】田超

一候 苦菜秀

落在密林的金色『小鸽子』，那么珍贵。

大黄花虾脊兰

野外存量不足300株的一种兰花

只要用一个简单的对比，就足以说明大黄花虾脊兰的身份了——这种野生植物，野外实际存量不足300株，比大熊猫更濒危！

大黄花虾脊兰叶片硕大，花色金黄，每一朵小花看上去就像一只金色的小鸽子，生长在海拔300米至1500米的深山常绿阔叶林下，对生态环境和水源环境很“挑剔”。

目前，大黄花虾脊兰的野生种仅在湖南、台湾、江西和安徽被发现，它是我国的“极小保护种群”之一，被誉为植物界的“金丝猴”。世界自然保护联盟（IUCN）发布的《濒危物种红色名录》中将大黄花虾脊兰评估为极危物种。濒危等级最高的称为“极危”，其后是“濒危”“易危”“近危”等，大熊猫、丹顶鹤都属于“濒危”等级。

2017年，湖南省森林植物园从新宁县带回一盆大黄花虾脊兰进行抢救性保护。经过一年多精心培育，第二年4月，大黄花虾脊兰开花了。明艳的黄色花朵，翠绿的椭圆叶片，散发出扑鼻芳香，是难得一见的奇景。

大黄花虾脊兰是大自然留给人类的珍贵财富之一。由于种种

【小名片】

大黄花虾脊兰，兰科虾脊兰属地生草本植物，假鳞茎小，有2～3枚叶和5～7枚鞘，叶宽椭圆形；总状花序，花大，鲜黄色，花期2—3月。数量稀少，被列为我国亟待拯救的极小种群物种之一，生长在海拔300～2000米的近河陡崖处、空旷的林下。

【寻访坐标】湖南省森林植物园等地

【文】彭可心 【图】张帆

的自然或人为因素，许多植物面临着岌岌可危的处境，保护、发展和合理利用珍稀濒危植物，已成为我国保护生物多样性的重要内容。

莨山唇柱苣苔 | 在天地之间的险境里，不屈的生命格外灿烂 |

生命总能从奇特的地方找到出处，莨山唇柱苣苔就是这样一个代表。

莨山唇柱苣苔是庞大的“苦苣苔科”家族中的一员。这个家族在地球上存在已经有6000万年以上历史，在全世界约有160属3800多种。而莨山唇柱苣苔目前只在湖南、广西两地被人发现过，在邵阳新宁崀山悬崖的阴面，能找到野生植株。

只要还活着，闻到春天的气息，莨山唇柱苣苔就会从峭壁石缝里生长出来。等到初秋，它还将盛开长管状紫色花朵。在天地之间的险境里，不屈的生命格外灿烂。

【小名片】

莨山唇柱苣苔，苦苣苔科唇柱苣苔属多年生植物，生长在阴面岩石的悬崖。无茎，根状茎节间不明显；叶基生、对生，叶片成萎状卵形，侧脉明显；聚伞状花序，花梗覆盖微柔毛，花筒部呈管状，花冠略带紫色，8—9月开花。

【寻访坐标】邵阳新宁崀山等地

【文】彭雅惠 【图】张帆

半枫荷 | 一半在尘土里安详，一半在风里飞扬，一半洒落阴凉，一半沐浴阳光 |

广东佛山学者对岭南老字号民俗进行研究时，考证光绪年间著名武侠大师黄飞鸿体恤劳苦大众，曾在他开设的宝芝林药店免费公开自制跌打药酒秘方。其中，有一味中药至为关键——半枫荷。

这有些诗意的名字，属于一种仅存在于中国的罕见树种。这种树会长出两种树叶，一种三叉状裂似枫香叶，一种卵状椭圆形似蕈树叶，人们也形象地称之为荷叶。在 1962 年正式获得植物学命名前，半枫荷在民间被叫作翅子树、阴阳叶、铁巴掌、半梧桐等，是治疗风湿骨痛、跌打损伤的珍贵药材。

【小名片】

半枫荷，金缕梅科常绿乔木，高可达 17 米，树皮灰色，芽体长卵形，老枝灰色，有皮孔。叶簇生于枝顶，革质，叶片卵状椭圆形，上面深绿色，下面浅绿色，掌状脉；雄花的短穗状花序常多个排成总状，雌花的头状花序单生，萼齿针形，花序柄无毛。

【寻访坐标】绥宁县长铺子苗族乡

【文】彭雅惠 【图】张帆

二候

靡草死

发出温柔的咕咕声，
在人群中走来走去。

戴“珍珠围脖”的鸟

搜索珠颈斑鸠的图片，会出来一行字：关于“珠颈斑鸠”的图片可能会引起您的不适，是否继续查看？

出现这行字，原因就在珠颈斑鸠所戴的一条“珍珠围脖”。

成年珠颈斑鸠的颈部特征极为明显，一个并不闭环的黑颈圈上，遍布白色点状斑纹，像洒落的一颗颗珍珠，和它珠颈斑鸠的名字贴切得很，但是对密集恐惧症患者来说，就不那么友好了。

不过，珠颈斑鸠这条靓丽的“珍珠围脖”，是成年鸟的专利，幼鸟是没有的。

珠颈斑鸠的身形和鸽子差不多大，是常见的留鸟。一般“素食”，谷类、豆类是它们的最爱，城市里庄稼少，就多以植物种子、浆果和茎叶为食了。

珠颈斑鸠常常独立行动，偶尔结伴而行，发出温柔的“咕咕”叫声，在公园街道上走来走去，尤其是久雨初晴，或者久晴欲雨时，叫声特别频繁。它们喜欢人群，但生性比较胆小，当有人靠近，就会转身以背相向。

在城市公园绿地或者居民生活小区，常见珠颈斑鸠的身影，

【小名片】

珠颈斑鸠，鸽形目鸠鸽科珠颈斑鸠属鸟类，体长27～32厘米。头为鸽灰色，上体大都褐色，下体粉红色，后颈有黑色的带状，其上布满以白色细小斑点形成的领斑，在淡粉红色的颈部极为醒目。尾甚长，外侧尾羽黑褐色，末端白色，飞翔时极明显。

【寻访坐标】株洲市湘江沿线等地

【文】彭可心 【图】张京明

是很常见的和人类共生的鸟类。

长沙人大概会觉得珠颈斑鸠特别亲切。长沙童谣《月亮粑粑》的后半段是这么唱的:“喜鹊上树，变扎斑鸠，斑鸠咕咕咕。”这里的斑鸠就是珠颈斑鸠，而它真实的叫声正是“咕咕咕”，用长沙话念出来，形神俱备。

斑头鸺鹠 | 日常卖萌，兼做“杀手” |

鸮（xiāo），是我国古代对猫头鹰这类鸟的统称。世界现存约140种鸮，其中体型最大者是雕鸮，常见的有长耳鸮、短耳鸮、仓鸮、草鸮等，鸺鹠（xiūliú）则是小型鸮类。体长20～26厘米的斑头鸺鹠，是鸺鹠中个头最大的。它们大眼溜圆，转动脖子时像在跳舞，呆萌可爱。

不论昼夜，斑头鸺鹠都很活跃，但主要在白天觅食。别看它模样呆萌，捕猎可是“快、准狠”，对鼠类、小鸟、蚯蚓、蛙和蜥蜴以及各种昆虫都手到擒来。

【小名片】
斑头鸺鹠，小型鸮类，面盘不明显，无耳羽簇。体羽褐色，头和上下体羽均具细的白色横斑；腹白色，下腹和肛周具宽阔的褐色纵纹，喉具一显著的白色斑。主要栖息于阔叶林、混交林、次生林和林缘灌丛，大多在白天活动和觅食。

【寻访坐标】长沙烈士公园等地

【文】彭可心 【图】张京明

白喉噪鹛 | 像幼儿园里聚集的娃娃们一样喧闹和快乐 |

夏日清晨，公园的鸟叫声此起彼伏，一种短促高频的叫声从乱糟糟中脱颖而出，直冲耳际。寻声而去，白喉噪鹛在茂密的灌木间窜动，它们比麻雀大，喉部有一大块白色羽毛，身体其他部分则是不同深浅的黄褐色，十分好辨认。

白喉噪鹛总是群体活动，只要一只率先发出声音，同伴们就会不甘示弱般应和。叫声持续激烈，吵得刺耳，因此它们在民间的俗称叫“闹山王”。

不管在哪儿，白喉噪鹛都很容易被发现，因为它们太吵闹了，似乎只有幼儿园里聚集的娃娃们可以和它们一较高下。

【小名片】

白喉噪鹛，画眉科噪鹛属中型鸟类，体长 26～30 厘米。前额或整个头顶棕栗色，其余上体橄榄褐色；颏、喉白色，胸具橄榄褐色横带。性吵闹，群栖于森林树冠层或于浓密的棘丛，主要以昆虫为食。5—7 月为繁殖期，卵暗蓝色，形状为长卵圆形。

【寻访坐标】长沙烈士公园等地

【文】彭雅惠 【图】张京明

三候

麦秋至

绣球

雨后绣球，繁密心事。

“一朵绣球花”其实不是“一朵花”

绣球丰满的花球从白色、粉色一直沉淀为蓝色、紫色，每一朵都有自己的主意，饱含着繁密的心事。

千花团簇，玲珑如琢，绣球大概是真正被造物主恩宠的花木。李渔在《闲情偶寄》说：“天工之巧，至开绣球一花而止矣。”世间还有哪种花，能像绣球如此繁复而有序，精妙又饱满。

仙姿国色绣球花，周周正正的饱满花球，似乎理应生在精致的园林里，被人精心照护。然而我们却常见到绣球长在农家小院，几乎不需养护，一样开得雍容端丽，一点也没有寒酸小家子气，反倒像是富贵人家娇养的女儿，落落大方。

绣球花中有一种叫作“无尽夏”的品种，在烈日灼灼的夏季，绽放柔嫩的粉蓝色花朵，只觉眼睛清凉，时光静止。

说完了绣球的美，必须要科普下绣球花的特点：绣球拥有不育花与可育花两种花。

通常你看到的顶在枝头像个大球的都是不育花，一朵标准的不育花有4个“花瓣”——它们并不是真正的花瓣，而是长得像花瓣模样的、特化了的萼片，在花心的凸起小点才是已极度退化的

【小名片】
绣球，虎耳草科绣球属落叶灌木，高1～4米。茎常于基部发出多数放射枝而形成一圆形灌丛；叶纸质或近革质，倒卵形或阔椭圆形；伞房状聚伞花序近球形，直径8～20厘米，具短的总花梗，花密集，呈粉红色、淡蓝色或白色，花期6—8月。我国广泛分布。

【寻访坐标】湖南省森林植物园等地

【文】周月桂 【图】辣椒

花瓣和花蕊。而可育花很小，数量也很少，暗无天日地藏在不育花组成的花丛里。

也就是说，你看到的“一朵绣球”其实是很多朵绣球花攒聚在一起，你看到的“花瓣”其实是萼片，你能看得到的“花”它们几乎都不能生儿育女……

绶草 | 在薄雾的清晨，在雨后的黄昏，在初夏的草坪 |

再没有一种野花，像绶草这样搅动初夏的人心。

从小满节气开始，朋友圈就屡屡有人以惊喜的口气发布它开花的消息。“芝兰生于幽谷，不以无人而不芳。”在我们的印象中，野生兰似乎都生在幽谷，难以得见，而作为精致小巧的野生兰，绶草就生活在我们身边的草坪上。

植株纤细，浅紫小花缠绕而上，犹如绶带，故名“绶草”，亦有人称之为“通往天国的阶梯”。

【小名片】

绶草，兰科绶草属多年生草本植物，植株高 13～30 厘米。总状花序具多数密生的花，呈螺旋状扭转；花小，紫红色、粉红色或白色，在花序轴上呈螺旋状排生。全国各省区均有分布，主要生长在海拔 3400 米以下山坡林下、灌丛下、草地或河滩沼泽草甸中。

【寻访坐标】临澧道水河国家湿地公园等地

【文】周月桂 【图】辣椒

另外，绶草花序如龙状盘绕于花茎上，肉质根与人参相似，故又有“盘龙参”之称。

小隐隐于山，大隐隐于市。这么说起来，绶草大概是兰中“大隐”。

红花酢浆草 | 在十万株酢浆草中，可能有一株四叶草 |

在湖南城乡山野，红花酢浆草算最常见的野草之一。碧绿的草叶蓬蓬蔓延，每一片叶都分作 3 瓣心形，叫人一眼望去，看到无限爱意。当太阳挂上天空，星星点点紫红色带有深色条纹的花朵会尽全力伸直细长花茎，高过茂盛的叶，向阳而开。

如果想领略红花酢浆草的美与爱意，请选择一个晴天，并最好赶在下午五点半前。因为雨天、阴天，红花酢浆草“不开工”；即使在晴天，下午五点半后也要“按时下班”，花儿收拢花瓣、耷拉花冠，叶片对半折合，真正做到“日出而作，日落而息。”

【小名片】
红花酢浆草，酢浆草科酢浆草属多年生草本植物。全株具白色细纤毛，茎基部具匍匐性；叶有细长柄，小叶 3 枚，组成掌状复叶，呈宽倒心脏形；4—10 月进入花期，花呈复伞状花序，花冠 5 瓣，粉红至红色，具纵裂条纹。

【寻访坐标】长沙市万家丽中路路旁绿化带等地

【文 / 图】彭雅惠

Part.9 第九章 芒种

芒种时节，仲夏来临。
高柳新鲜，薰风梅雨。
南方果蔬丰盛，新秧出水，
北方杏黄麦熟，遍地辉煌的金色。

杨梅
乌桕阴中把酒杯，
山园处处熟杨梅。
【图】童迪

一候
螳螂生
青葱盛夏，碧绿衣裳，
骧首奋臂准备战斗。
螳螂

草丛里，那只骧首奋臂准备战斗的“天马”

青葱盛夏，“天马”开始在草丛中时隐时现。

它们通体翠绿，大眼睛，细脖子，修长肚腹，翅翼碧透，并且时常立起上半身挥舞两把大刀……

“天马”是螳螂的别名。用以解释《尔雅》中各种物名的《尔雅翼》一书写道：“螗蜋（螳螂）…… 世谓之天马。盖骧首奋臂，颈长而身轻，其行如飞，有马之象。”

诚然，螳螂仅一年的生命中，大部分时间都“骧首奋臂”，无所畏惧。小螳螂一降生，就同时扮演起捕食者和猎物的双重角色，年幼的它们是肉食性节肢动物、两栖动物、爬行动物、鸟类、哺乳动物的美食；随着成长，残酷生存游戏的角色开始互换，螳螂将昔日的“狩猎者”，比如蜘蛛、蝎子、黄蜂之类，甚至小型爬行动物和鸟类，逐个拉进“菜单”。成年螳螂即使面对超出抗衡范畴的庞大敌人，也很少露怯。为了捕猎与战斗，它们的前足进化成“大刀”，上面布有一排坚硬锯齿，战斗已经化作身体的一部分。

在中国文化里，螳螂的勇气是一场悲剧。《庄子·人世间》讲述了“螳臂当车”的故事，庄子为其配上“不知其不胜任也”的

【小名片】
螳螂，亦称刀螂，属大型肉食性昆虫。身体为长形，多为绿色，也有褐色或具有花斑的种类；标志性特征是有两把“大刀”，即前肢。螳螂是农业害虫的重要天敌，除极地外，广布于世界各地。目前，世界已知有2000多种左右，中国约有147种。

【寻访坐标】各山野乡村

【文】彭雅惠 【图】湖南省天敌繁育中心

评语，足以令人感慨。

而在世界的另一侧，法国昆虫学家法布尔也在《昆虫记》中记录了一个关于螳螂的“悲剧”——母螳螂在交配中会吃掉公螳螂，以保证充足能量繁衍后代。

小小昆虫，竟如此壮烈。或许正因其一生短暂，纵情恣意、勇往直前才对得起鲜活的生命。

异色瓢虫 |夏日午后，飞来你的窗前，停在你的指尖|

人们习惯把见到的瓢虫统称为“七星瓢虫”。其实，在大自然中，异色瓢虫更为常见，数量也更多。

异色瓢虫属于非常常见的天敌昆虫，它们最喜欢吃的就是蚜虫，它的幼虫更是蚜虫“杀手”。据说，一只异色瓢虫一天可以捕食上百只蚜虫。

目前，异色瓢虫正在被科研人员培养成守卫绿色家园和生态平衡的小卫士。大量人工繁育后，被放飞到田地、果园、森林，

【小名片】
异色瓢虫，捕食性昆虫。其幼虫和成虫可捕食多种农林害虫。原产于亚洲东部，主要分布在中国、蒙古和日本等国家。在中国广泛分布于南北方。
【寻访坐标】湖南省森林植物园
【文】彭可心 【图】湖南省天敌繁育中心

避免树木枝叶被蚜虫啃食，与用药物杀虫相比，这种生物防控的方式更加绿色、环保，利于生态平衡。

水黾 | 身怀绝技“水上漂” |

水黾，是常见的水中昆虫。由于独特的身体造型和腿部特征，水黾能较好地得到水的表面张力支撑，天生就会“水上漂”。

在池塘或其他水域见到成群水黾，基本可以判断，这片水域水质良好，在水质受到污染的环境，水黾很难生存。水黾本身也具有净化水质的功能，它们的大长腿不仅用来炫耀和划水，还具有极强的传感性能，当其他昆虫、虫尸或其他动物的碎片等掉落水面，产生细小波动，水黾能迅速感知，并像箭一样飞奔过去，吃掉水上细微漂浮物。

【小名片】

水黾，水生半翅目类黾蝽科昆虫，别称水马、水蜘蛛、水蚊子等，也能够在陆地上生活一段时间。水黾栖居环境包括湖泊、池塘等静水水面以及溪流等流动水面，在湍急的山溪上生活的种类，常常腹部变短或套缩入基部数节。

【寻访坐标】浏阳市洞阳镇

【文】彭雅惠 【图】张京明

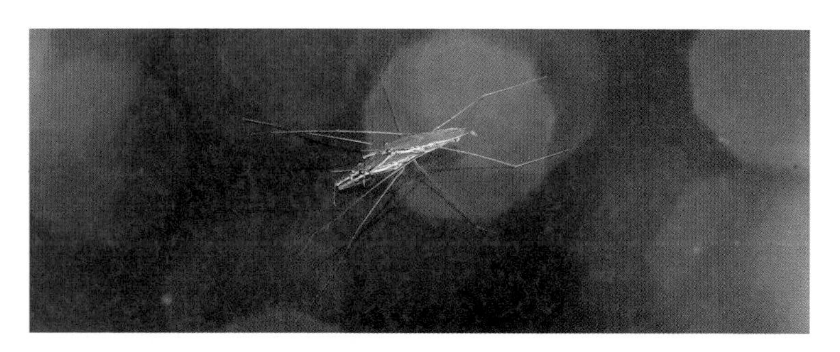

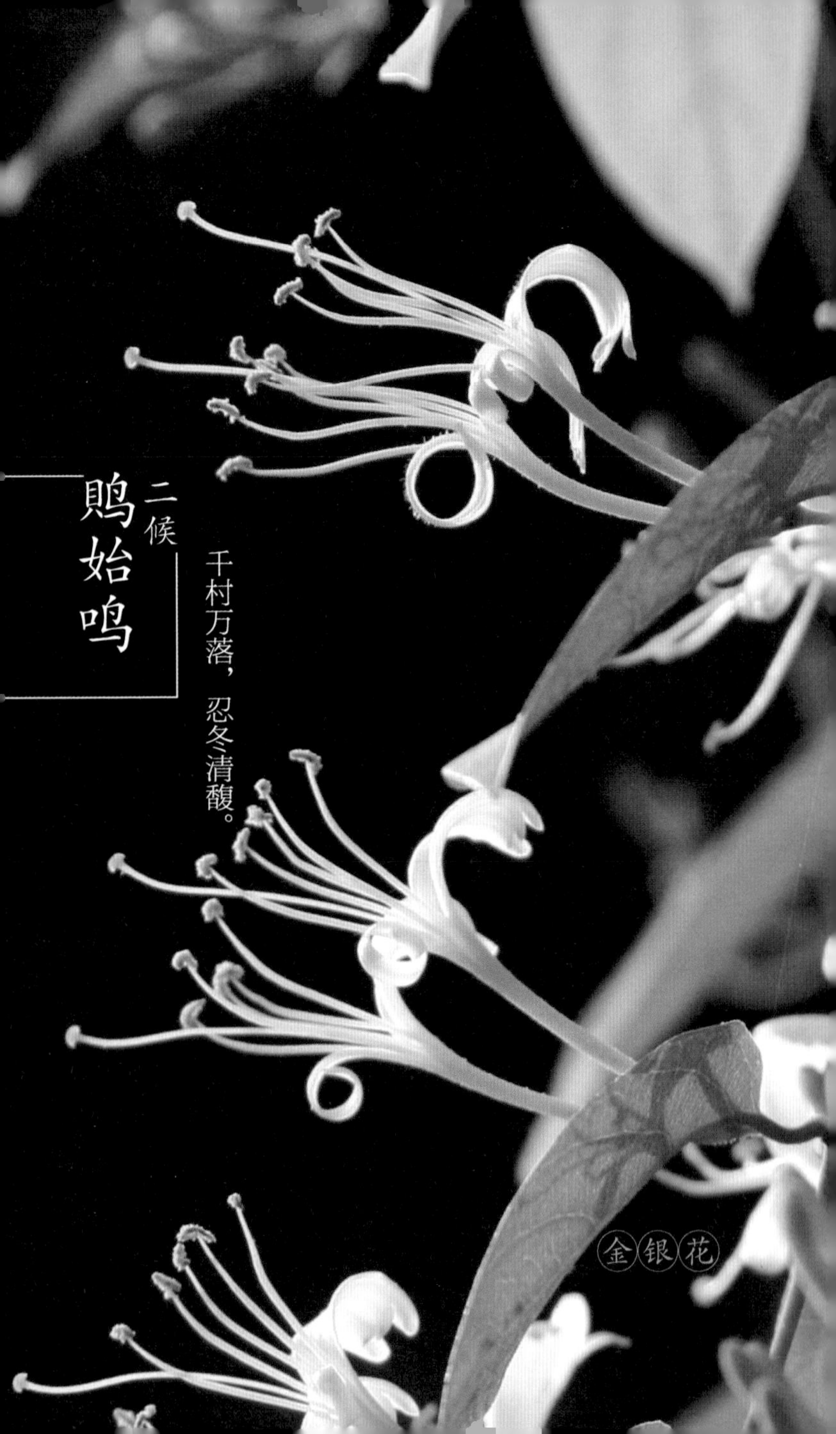
二候
鵙始鸣
千村万落，忍冬清馥。
金银花

遇上它，有金又有银

湖南人对“金银花”的名字耳熟能详，毕竟隆回可是“中国金银花之乡”。

在植物学分类上，金银花该称作忍冬。据考证，金银花一名出自《本草纲目》，因花开黄白双色，而得李时珍为其命名。

每至盛夏，忍冬缠绕的枝蔓间，对对“双花”从左右叶腋间翘出，黄白相杂，香气清远。花朵的数根蕊丝纤长，时而微颤，与头顶冠羽的鹭鸶一样，具清高雅洁的美感。因此，民间也称忍冬作“鹭鸶花”。

如果锁定一株金银花，从花蕾期开始观察，你会发现金银花这“金”“银”两色并非终身，变色只在朝夕之间。花蕾初放时，均为白色，次日就染上淡黄，之后黄色日渐加深，直至花瓣全部转变成金黄色。在整个花期中，金黄色时期远长于白花期。

在中国，金银花可算作“最广为人知”的花，其解毒等药用功效非同一般。宋代张邦基的《墨庄漫录》中记载了这样一则故事：崇宁年间，平江府天平山白云寺的几位僧人，从山上采回野蘑菇煮食，不料中毒，僧人们上吐下泻。其中3位僧人及时服用了

【小名片】

金银花，即忍冬，忍冬科忍冬属多年生半常绿缠绕灌木。别名金银藤、二色花藤、鸳鸯藤、鹭鸶花等。忍冬是一种具有悠久历史的常用中药，始载于《名医别录》，列为上品。中国大部分地区多有分布，不少地区已栽培生产，日本和朝鲜亦有出产。

【寻访坐标】邵阳隆回县小沙江镇、麻塘山乡、虎形山瑶族乡、大水田乡

【文】彭雅惠 【图】张京明

新鲜的金银花，平安无事，而另外几位没有及时服用金银花的僧人则全都枉死黄泉。

如此神奇功效，或许有所夸张，但金银花的确是我国大宗中药材之一，目前临床1/3以上的中医方剂需要用到金银花。

千屈菜 | 湖畔边有个迷路的孩子 |

千屈菜是一种水生花卉植物，能长到一人高，花期很长，6—10月都会开花。因为喜欢生在水里，它又有别名“水柳”。

鸢尾、萱草之类的水生植物都是丛生，千屈菜却是单株生长，一株一株掺杂在其他植物丛中。爱尔兰人给千屈菜起了一个可爱的名字：湖畔迷路的孩子。大概因为它就像一个内向孤独的孩子，独自站在湖畔，忘了回家的路。

千屈菜可食用的部分只有嫩的茎和叶。一般4—5月去野外采摘即可。

【小名片】
千屈菜，千屈菜科千屈菜属多年生草本植物。根茎横卧于地下，茎直立，多分枝。生于河岸、湖畔、溪沟边和潮湿草地。产于全国各地，亦有栽培。

【寻访坐标】东洞庭湖国家级自然保护区

【文】彭可心 【图】张京明

水烛 | 擎着"蜡烛"的蒲草，等待被谁点亮 |

"大明湖畔的夏雨荷"自比"蒲草韧如丝"，表达为爱情守候一生的坚定。那么，她自比的"蒲草"又是什么呢?

到池塘、湿地、河湖岸边走走，常常能见浅水处或泥沼里，掩藏着一个个棕黄色的"小棒槌"，这是蒲草的圆柱状花序。一入夏，蒲草就开始抽薹开花，它们雌雄同株，雄花和雌花都极其细小，没有花瓣，雄花生于花序上部聚集成细长的"棒子"，雌花则生于下方形成粗壮的"棒子"，加上青翠的花薹，活像一支支带插杆的蜡烛。因此，蒲草又名"水烛""水蜡烛"。

【小名片】

水烛，香蒲科香蒲属多年生水生或沼生草本植物，生于湖泊、池塘、沟渠、沼泽及河流缓流带。植株高大，根状茎乳白色，地上茎粗壮，向上渐细，叶片条形，叶鞘抱茎。水烛经济价值较高，花粉可入药；叶片用于编织、造纸等。

【寻访坐标】乡村池塘边

【文】彭雅惠 【图】姚毅

三候

反舌无声

白肤红妆，
盛世风韵。

红花木莲

红花木莲，一抹绯红染白瓷

梁元帝萧绎写诗感慨："木莲恨花晚 ，蔷薇嫌刺多。"

不晚，一点也不晚。炎炎夏日，走在高大木莲树的树荫下，抬头看到碗大的花朵安静绽放绿叶间，细嗅芳香，高温暑热中躁动的心也能安定几分。

在各类木莲中，红花木莲相当罕见，并且与众不同。寻常见的木莲都开白花，随处可见，而红花木莲在湖南境内，只有湘西南地区的部分山林，可能偶遇。但一旦遇见，便会被吸引——活脱脱是中国水墨画里的红莲，基部乳白，中上部晕染出大片粉红，只是花瓣相对真正的莲花整体细小一些。它们让人联想起唐代仕女图所绘仕女，丰腴白肤，红妆娇艳，一派盛世风韵。

红花木莲为何稀少？

因为其对环境的要求太苛刻。它们喜欢阴冷潮湿，需要长在降水频繁、温度适宜、太阳不容易直射的阴坡，但同时，又需要土壤肥沃，还需要"海拔 1700～2500 米"的高度，最好还加上有山地阔叶林或常绿落叶阔叶混交林这样的"邻居们"。要求高海拔背阴的地方土壤肥沃，相当于"又要马儿跑得快，又要马儿不吃草"。

【小名片】

红花木莲，木兰科木莲属常绿乔木，渐危种。高可达 30 米，5—6 月为花期，花色艳丽芳香。分布于湖南、贵州、广西、云南、西藏部分地区，以及尼泊尔、印度东北部、缅甸北部等地，生长在海拔 1700～2500 米的常绿阔叶林或常绿落叶阔叶混交林中。

【寻访坐标】湖南南山国家公园

【文】彭雅惠 【图】张帆

执着于对生活“不将就”，红花木莲只好分散而稀少地存在，现在已经被列为渐危物种。值得庆幸的是，目前我国已实现红花木莲的人工栽培，未来或可改变其渐危命运。

射干 | 橙花碧叶，长久岁月 |

假如把射干发音为（shè gàn），那可就错了，它其实应读作（yè gàn）。从秦到南宋孝宗以前，百官之首称“仆射”，就是读作（pú yè）。由此来看，足见射干在我国历史悠久。

芒种以后，正是射干花季。在湖南省各地，都能见到射干，它的花有女性手掌大小，橙红的花瓣分作 6 瓣，每一片花瓣上都布满不规则的深红色斑点，艳丽，不俗，个性十足。最奇特的是，凋敝的射干花花瓣会自动螺旋式封锁包裹起来，一直留在果实上头，保护着果实一天天长大，自己则日渐失水干枯。

【小名片】

射干，又名野萱花，鸢尾科射干属多年生草本。分布于全世界的热带、亚热带及温带地区，该属全世界只有两种，我国产射干本种。射干除观赏价值较高外，其根状茎药用，能清热解毒、散结消炎、消肿止痛、止咳化痰。

【寻访坐标】常德市石门县壶瓶山风景区

【文】彭雅惠 【图】湖南省林业局

叶子花 | 似叶非叶，似花非花，似一团火在燃烧 |

说起叶子花，也许大家会愣一下，但说起三角梅，可就熟悉了。叶子花其实就是三角梅，因为每3片苞片相聚成一朵小三角形的花，因而得名。

很多人会误会叶子花颜色鲜艳的部分是它的花，其实那是它叶状纸质的苞片，为主要观赏部位，颜色有鲜红色、橙黄色、紫红色、乳白色等。它真正的花藏在苞片正中央，细小的黄绿色花，通常3朵簇生在3枚苞片内。所以，我们在欣赏叶子花时，欣赏的不是它的花，而是它的苞片。

叶子花很容易种植，它生命力顽强，有充足的阳光照射，叶子花的花期也会延长。

【小名片】

叶子花，紫茉莉科叶子花属木质藤本状灌木，茎有弯刺，并密生绒毛。喜温暖湿润气候，不耐寒，中国除南方地区可露地栽培越冬外，其他地区都需盆栽或温室栽培。花期可从11月起至第二年6月。

【寻访坐标】各公园景区、小区

【文】彭可心 【图】张京明

Part.10
第十章

夏至

日长之至，是谓夏至。

一切都繁盛壮大到极致。伴随夏至一起到来的，往往是充足的光照、炎热的天气和丰沛的雨水。江南梅子黄熟时节，『梅雨』持续不断，器物易霉，成为长江中下游地区特有的天气气候现象。

在充足的阳光、雨露滋养下，杂草与农作物同样疯长，中耕锄草成为重要增产措施之一。

睡莲

光影之下的睡莲，
每一刻都有惊喜。

【图】张京明

荷花
一候
鹿角解
蝉鸣声声响，荷花别样红。

外表高冷内心火热，说的就是它

夏至，一年中最好的赏荷时节到来。

湖南各处荷塘都被碧绿荷叶重重覆盖，托出芙蓉朵朵，少女含羞，娇艳欲滴，时而清香流动，夏风沉醉。

大约十万年前，荷花在中国的阿穆尔河（今黑龙江）、黄河、长江流域及北半球的沼泽湖泊中顽强地生存下来，是被子植物中起源最早的植物之一。

现在，荷花遍布华夏大地，每当炎炎夏日，田田荷叶、淡雅荷花总让人感到清凉。实际上，荷花绽放时，自身一点都不清凉。花朵的核心部分雌蕊群，着生在一个膨大成圆锥形的花托上，这个膨大的结构里面贮存着淀粉，在开花时通过抗氰呼吸产热，使雌蕊群始终保持恒温，哪怕外部环境温度低到 10 摄氏度，荷花的内部也能保持在 30～35 摄氏度。外表高冷内心火热，说的就是荷花。

荷花喜欢相对稳定的平静浅水水域、喜欢光照，生育期需要全光照环境，万一不巧生长在半阴处，会表现出强烈的趋光性。

在中国文化里，荷花远不止是一种花。古代文人称荷花为“翠盖佳人”，认为它是高洁品质的象征。正如周敦颐所写：出淤泥而不染，濯清涟而不妖。

【小名片】

荷花，莲科莲属多年生水生草本花卉。叶盾圆形；地下茎长而肥厚，有长节，称为藕；花期 6—9 月，单生于花梗顶端，有红、粉红、白、紫等色；坚果椭圆形，种子卵形。荷花种类很多，分观赏和食用两大类，全身皆宝，可食用，亦可入药。

【寻访坐标】长沙桃子湖荷塘等地

【文】彭可心 【图】张京明

赏荷花之美，有两个好时段，分别是清晨和雨后。单朵荷花的花期只有3～4天，早上开花，午后花瓣渐收拢，第二天早上继续怒放；而雨后，雨滴化作晶莹露珠，更增添荷花清新的韵味。

合欢 | 绯云漫漫，点燃有情人心里的火花 |

夏至时节，合欢花“燃烧”起来。这是最好的时间，带上心爱的人一起去看，两个人心里的火花也会一丝丝点燃。

合欢花开得真美！高大丰茂的树冠上，花朵丝丝绒绒，袅袅婷婷，似花非花，恍若绯云。在深绿浅碧的枝叶掩映下，很有“香靥凝羞一笑开，柳腰如醉暖相挨”的风姿。

因为蕊群发育突出，花萼和花瓣“萎缩”得可忽略不计，加上头状花序在花序轴上排列成圆锥状，合欢花就向世人展现出一幅绯云漫漫的景致。

在中国，自古有“合欢蠲忿”的说法。清人李渔解释为：“凡见此花者，无不解愠成欢。”

【小名片】
合欢，蔷薇目豆科合欢属落叶乔木。树叶为二回羽状复叶，羽片4～12对，小叶10～30对，线形至长圆形，嫩叶可食；头状花序于枝顶排成圆锥花序，花粉红色，状如绒簇。

【寻访坐标】长沙市月湖公园等地

【文】彭雅惠 【图】湖南省林业局

许多人以为，康乃馨是代表母亲的花。其实，萱草才是中国的母亲花。

那位写“谁言寸草心，报得三春晖”的诗人孟郊在《游子》中写道：“萱草生堂阶，游子行天涯。慈亲倚堂门，不见萱草花。”就将萱草与母亲紧密联系在一起。

狭长的叶子，高挺的细枝，枝端开出橘红、橘黄的大花。这样端庄又美艳的萱草，不仅被古人比作母亲，还被视作忘忧草。志怪小说集《博物志》中有“萱草，食之令人好欢乐，忘忧思，故曰忘忧草”。白居易也曾写：“杜康能散闷，萱草解忘忧。”

【小名片】

萱草，阿福花科萱草属多年生宿根草本植物，叶常年青绿，花由4轮组成：第一轮为萼片，第二轮为花瓣，第三轮为雄蕊，第四轮为雌蕊。耐寒，适应性强。

【寻访坐标】衡阳市珠晖区茶山坳镇等地

【文】彭可心 【图】湖南省林业局

二候 蝉始鸣

夏日可爱，光阴珍贵，怎能不放歌？

黑蚱蝉

窗外的那一只蝉，让你想起了哪个夏天？

夏夜，一只在地底蛰伏多年的蝉，爬上高高的树干，开始它奇妙而艰辛的蜕变。

它奋力撑开自己灰褐色的旧身体，从中挣脱出一个柔嫩的新鲜的带着翅膀的新身体。那翅膀还是透明湿润的，它在清晨的阳光与风中晾干翅膀，开始了第一声响亮的蝉鸣。

蝉应该是夏天最知名的鸣虫了。蝉的一生可分成地下和地上两个阶段，地下幼虫生活3~17年不等，地上成虫生活只有短短的一个月左右时间。如此短暂而可贵的光明，怎能不歌唱？

蝉是半翅目蝉科动物。在湖南的种类有50种以上，最常见的是“知了”，学名黑蚱蝉，此蝉鸣声洪亮且连续，此外，还有寒蝉、蟪蛄等，每种蝉的声音都会有所不同。蝉又是如何发音的呢？雄蝉的腹部有发音器，靠鼓膜振动而发声，其鸣声主要作用是求偶。据研究，蝉类的鸣叫声可高达100分贝以上，堪比交通噪声，因此蝉鸣也常令人感到烦躁。

然而，那些有蝉声陪伴的童年夏日，回想起来，仍是如此令

【小名片】

黑蚱蝉，半翅目蝉科昆虫，广泛分布于温带及热带地区，栖息于沙漠、草原和森林。蝉的幼虫生活在土中，有一对强壮的开掘前足，利用刺吸式口器刺吸植物根部汁液。在湖南，成虫主要发生期为6—8月，7月为发生高峰。它有两对膜翅，形状基本相同；头部宽而短，具有明显突出的额唇基；眼不大，位于头部两侧且分得很开，有3个单眼；触角短，呈须状；口器细长，内有食管与唾液管，属于刺吸式。

【寻访坐标】长沙市梅溪湖等地

【文】周月桂 【图】辣椒

人怀念。

“池塘边的榕树上，知了在声声叫着夏天……”罗大佑唱出了所有人童年的夏天。

“蝉噪林逾静，鸟鸣山更幽。”王籍的诗句，写尽了夏日蝉鸣山间的玄妙。

当然还有孩子们捕蝉的乐趣：“意欲捕鸣蝉，忽然闭口立。”

窗外的那一只蝉，让你想起了哪一个夏天？

草蛉

不是流连的翩翩公子，而是一个没得感情的“杀手”

炎炎夏日，漫步田间，时常能看到一种通体绿色、长着四个透明大翅膀的昆虫，缓缓地在空中飞翔。它叫草蛉，是消灭害虫的一把好手。

草蛉最吸睛的，是它薄纱一样的长翅膀，有着似花边的复杂网状翅脉。当它们扑闪透明翅膀飞舞时，非常优雅。

【小名片】

草蛉，脉翅目草蛉科捕食性昆虫，细长、柔弱，虫体和翅脉多为绿色。咀嚼式口器。触角细长。复眼发达，有金属光泽。头部常见黑褐色斑纹，头斑的数量和位置是分种的特征。翅二对，膜质透明，脉纹细而多呈网状。

【寻访坐标】岳麓山等地

【文】彭可心　【图】湖南省天敌繁育中心

不过，这并不是一位流连的翩翩公子，而是一个没得感情的“杀手”。刚孵化出来的草蛉幼虫就能爬到蚜虫群里大快朵颐，被称为“蚜狮”。一只“蚜狮”在整个幼虫期平均消灭蚜虫超过七百只。

除了蚜虫，介壳虫、粉虱、木虱、叶蜂、蓟马等一大批农林害虫，都在草蛉捕食范围内。

蜉蝣 | 生命短暂，必须美丽 |

国人对蜉蝣的认识很早，《诗经》中就有感喟：“蜉蝣之羽，衣裳楚楚。心之忧矣，於我归处？”

苏东坡慨叹人生的短暂和渺小：“寄蜉蝣于天地，渺沧海之一粟。”蜉蝣被人称作“一夜老”。稚虫水生，成虫前要在水里活1~3年，成虫后的寿命却很短，古人没有发现水下的秘密，说蜉蝣是朝生暮死。

夏日黄昏，这种漂亮小虫成群结队冲出水面，寻找到它们的另一半，在空中飞舞交配。完成繁殖任务后便静静死去。

【小名片】
蜉蝣，最原始的有翅昆虫，和蜻蜓目可同分为古翅次纲。体型细长柔软，一般体长不超过27毫米，触角短，复眼发达，前翅发达，后翅退化，翅不能折叠，腹部末端有一对很长的尾须。

【寻访坐标】浏阳市洞阳河畔等地

【文/图】张京明

三候
半夏生

盛夏流年，光阴错落，
一朵清瘦古怪的花。

半夏

长相“惊悚”，既是毒物又是药物

马王堆汉墓出土的帛书《五十二病方》是中国现存最古老的医方，书中记载，治疗“颐痈”，也就是面颊两边发炎，可用半夏。

半夏是何物?《神农本草经》说：“半夏于夏历五月间采，及夏之半，故名半夏。”

想在夏历五月间顺利采到半夏，不妨去山坡、田野、疏林等地背阴处探寻。盛花期的半夏足够“惊悚”，可一眼辨出。

它们的花序细长如鞭，探出地面尺余，明显高过枝叶。花茎顶端有竖立的大型苞片，将雌花、雄花全部包裹其中，完全展开时也只有一面开放，就像佛像背后的火焰。把苞片剥开，才能清楚看到内部花序结构——分为两截，上面较短的是雄花，下面一颗颗白色的颗粒是雌花。苞片开口处的花序轴和苞片边缘，都呈现紫黑色，一根细长“触须”从开口伸出，随风乱颤，乍一看，很容易误看成草丛里的蛇昂首吐信。

不只像蛇，半夏也是有名的“毒物”。其块茎含有多种有毒成

【小名片】

半夏，天南星科药用植物，块茎圆球形，直径 1～2 厘米；叶 2～5 枚，叶柄长 15～20 厘米；幼苗叶片卵状心形至戟形，老株叶片长圆状椭圆形或披针形，两头锐尖，叶片基部有珠芽，可萌发。5—7 月为花期。花序佛焰苞绿色或绿白色，管部狭圆柱形，长 1.5～2 厘米；肉穗花序中雄花序长于雌花序；花序附属器绿色变青紫色，长 6～10 厘米，直立，有时“S”形弯曲。8 月果成熟，浆果卵圆形，黄绿色。

【寻访坐标】壶瓶山国家级自然保护区

【文】彭雅惠 【图】辣椒

分，生食极少量就会令人口舌麻木失声，摄入较多则会对口腔、咽喉、消化道黏膜造成强烈刺激，导致肿胀疼痛和呕吐，若大量摄入可能会导致喉头严重水肿，呼吸困难而死。但经过精心炮制后，半夏又具有燥湿化痰、降逆止呕、消痞散结的功效。

夏枯草 | 选择在盛夏“枯萎”，也是生命的一种状态 |

春天生长，接着开花结果，到了夏季便逐渐“枯萎”，夏枯草似乎“名副其实”。

其实，要说它枯萎，也不尽然。夏枯草的花期为 4 月到 6 月，紫白色花开了之后，就直接进入了结果阶段，结果的同时将一身“绿衣”换成了棕红色，看上去就像枯萎了一样。这种枯萎状态从夏天开始，会一直延续到秋天。也就是说，所谓夏枯草的枯萎，实际上是种子成熟，只不过它成熟的模样看起来像枯萎罢了。

《植物名实图考》中这么形容夏枯草：不与众卉俱生，不与众卉俱死。

【小名片】
夏枯草，唇形科多年生草本植物，主要生长在山沟或河岸两旁湿草丛、荒地、路旁，广泛分布于中国各地。有清火明目之功效，能治目赤肿痛、头痛等。
【寻访坐标】野外均可见
【文】彭可心 【图】辣椒

金丝梅 | 无边风月，万缕金丝 |

学贯中西的辜鸿铭因维护纳妾制度，被进步人士激烈批评。辜鸿铭为自己辩解说，只听说过一个茶壶配四个茶杯，没听说过一个茶杯配四个茶壶。对于这番理论，植物界一定是不赞同的，自然天成，大多数植物都是多枚雄蕊配一枚雌蕊，金丝梅更是其中的“佼佼者”，用 100 多枚雄蕊配一个雌蕊。

在潇湘各地的郊野，均散布着金丝梅的踪迹。夏季黄澄澄的花儿盛放，密密匝匝灿若金丝的雄蕊楚楚动人，鹤立“蕊群”的雌蕊则坦然接受上百根雄蕊众星捧月。

【小名片】

金丝梅，藤黄科金丝桃属，半常绿或常绿小灌木，高 0.3～1.5 米，丛状。小枝红色或暗褐色；叶对生，卵形、长卵形或卵状披针形；花序伞房状，花瓣金黄色，长圆状倒卵形至宽倒卵形。6—7 月为花期，8—10 月为果期。

【寻访坐标】 长沙市月湖公园等地

【文】彭雅惠 【图】湖南省林业局

Part.11
第十一章

小暑

倏忽温风至，因循小暑来。
江淮流域梅雨即将结束，酷暑来临。
阳光热烈，紫薇锦绣无边。向日葵向日而开。
夏日交响曲里，虫鸣是一个重要的声部，
虫声里有许许多多个夏天的记忆。

星天牛

夏日青绿的记忆里，
有一只星天牛出没。

【图】

火红七月，花开盛世，锦绣无边。

紫薇

一树红花锦绣无边

七月，花开盛世，锦绣无边。骄阳当空，紫薇一树红花向太阳，绸子般质地的柔媚花瓣，彼此相拥聚成一簇簇花球。

紫薇本是落叶乔木，发芽很迟，4 月才发新叶，几乎才长好叶，就开花，从 6 月一直开到 10 月，开过一个夏天，彻底打破“花无百日红”的规律。

紫薇原产于中国。据东晋时期王嘉所著的《拾遗记》记载，1600 年前洛阳城内已广泛种植紫薇。到唐开元年间，中书省改称为紫微省，因紫薇花名与“紫微”谐音，字形相近，紫薇便被广泛植于皇宫中，由此成了权力仕途的象征，世称“官样花”，紫微省里办事的官员也称紫微郎。白居易诗云：“紫薇花对紫微郎。”志得意满之情简直要从纸面溢出来。

紫薇非常“敏感”。如果用手轻轻晃动它的枝条，它的整个树冠，包括主干都会颤动，就像害怕别人给它挠痒痒，满树红花绿叶无风起舞，别有意趣。

【小名片】

紫薇，别名痒痒树、百日红、紫兰花，千屈菜科紫薇属植物。落叶小乔木，树皮平滑，褐色；叶互生或近对生，纸质；花淡红色或紫红色；蒴果圆球形。6 月紫薇进入花期，紫薇花艳丽而繁茂，花期长，观赏价值高，俗称“夏日花魁”；木材坚硬、耐腐；树皮、叶及花为强泻剂；根和树皮煎剂可治咯血、吐血、便血。湖南省海拔 1200 米以下地区普遍分布。

【寻访坐标】湖南各地行道树、公园景区

【文】彭雅惠 【图】湖南省林业局

向日葵 | 向阳而生，向梦而行 |

向日葵原产于南美洲，万历年间才传入中国。历代学者早已对向日葵的向日性了如指掌，它的名称由刚传入时的“丈菊”“西番菊”改叫“向日葵”，就与其向日性有关。

事实上，向日葵花盘不是一朵花，而是一个花序。花序边缘生中性的黄色舌状花，不结实。花序中部为两性管状花，棕色或紫色，能结实。

向日葵从发芽到花盘盛开之前这一段时间，它的叶子和花盘会追随太阳从东转向西。因为在阳光照射下，生长素在向日葵背光一面含量升高，刺激背光面细胞拉长，从而慢慢地向太阳转动。

【小名片】

向日葵，菊科向日葵属草本植物。高 1～3.5 米，最高可达 9 米。主要分食用和观赏两大类。向日葵种子叫葵花籽，含油量很高，为半干性油，味香可口，供食用。花穗、种子皮壳及茎秆可作饲料及工业原料，如制人造丝及纸浆等，花穗也供药用。

【寻访坐标】湖南省森林植物园、长沙望城桥驿镇群力村

【文】彭可心 【图】田超

蝴蝶兰 | 彩蝶翩翩，幸福飞来 |

在湖南各地的花卉市场，蝴蝶兰很常见，颇受人们喜爱。它被称为“洋兰皇后”，以彰其姿色之艳丽。野生蝴蝶兰只有70多种，在百余年杂交育种后，现在人们可见的品种已达到3万种以上。但不论外观如何改变，所有蝴蝶兰都属于附生兰，不长在土里面，而是附生在其他的植物上，从空气中获取养分和水分。

当一枝蝴蝶兰花开七八朵，看上去就如一群彩色蝴蝶聚集嬉戏。大约这样的明媚热烈太有感染力，人们赋予了蝴蝶兰花语：幸福向你飞来。

【小名片】
蝴蝶兰，兰科蝴蝶兰属植物，叶3～4枚或更多，椭圆形或镰状长圆形。蝴蝶兰多用于盆花生产，但也常用于切花、插花等，是切花、插花的高档素材；在植物园兰花专类园和温室中是必不可少的兰花种类，喜暖畏寒。

【寻访坐标】湖南各地花卉市场

【文】彭雅惠 【图】潘学兵

二候

蟋蟀居宇

碧玉眼睛云母翅，
轻于粉蝶瘦于蜂。

童年一去不返，那时我们曾抓住“王牌”

夜深人静时，蜻蜓稚虫趁着黑暗掩护爬上水边植物，要完成一生中最后一次也是最重要的一次蜕皮。

在一次次努力后，翅芽渐渐伸展出来，一点点变成透明的羽衣。只要再过一会，翅膀变得坚硬些，刚刚成熟的蜻蜓就能一飞冲天。等到太阳升起，它们或许还在幼时的家附近流连，或许早已飞远，带着希望开始新生活。

想捉蜻蜓只能从后方靠近。因为蜻蜓有两只大复眼，每一只复眼由成千上万只小眼睛紧密排列组合而成，而每只小眼睛又都自成体系，各自具有屈光系统和感觉细胞。简单来讲，就是一只蜻蜓有上万只具有视力的眼睛，可以同时清楚看到远处、近处，并且360度无死角。所以，从前方走近蜻蜓，它有绝对的能力确保自己在安全距离飞走。

蜻蜓的飞行技术，是“无敌的存在”——飞行速度可以超过50千米/时，高速飞行时可以随意改变飞行速度和方向，甚至长时间在空中悬停。其他飞行的昆虫和鸟类无一可做到，不管从哪个角度来说，蜻蜓都是“王牌飞行员”。

一旦失去飞行能力，蜻蜓面对天敌，如鸟类、其他食肉昆虫

【小名片】
蜻蜓，蜻蜓目差翅亚目昆虫的通称，全世界约有5000种，包括蜓总科、大蜓总科、蜻总科等3总科，广布各地。蜻蜓为食肉性昆虫，捕食苍蝇、蚊子、叶蝉、虻蠓类和小型蝶蛾类等多种农林牧业害虫，是有益于人类的一类重要天敌昆虫。

【寻访坐标】湖南新晃侗族自治县鱼市镇华南村

【文】彭雅惠 【图】童迪

等，只能坐以待毙，因为它虽长了 6 条腿，却不会行走，停栖时用腿辅助站立，但任何细微的移动都要靠翅膀完成。

月朗星稀，夜热如昼。蜻蜓的翅膀很快变硬，它随风而起，挟裹着童年一去不返。但至少我们曾抓住“王牌”，有骄傲与欢喜可以回味。

小叶龙䗛 | 假装我是一丛潮湿的苔藓 |

小叶龙䗛（xiū）非常稀少，主要生活在云南、广西等地。但在湖南东安舜皇山国家级自然保护区内，也发现了小叶龙䗛的踪迹。

䗛，其实就是竹节虫，小叶龙䗛又可以称为小叶龙竹节虫。小叶龙䗛全身都长满棘刺，只要它躲进苔藓中，顿时就和苔藓融为一体，难以分辨。即便有苔藓给它打掩护，也仍然无法让小叶龙䗛安稳度过一生。当近乎完美的拟态被敌人识破，那就只能断足逃生了。作为不完全变态昆虫，几乎所有的竹节虫都有断足再生的能力。

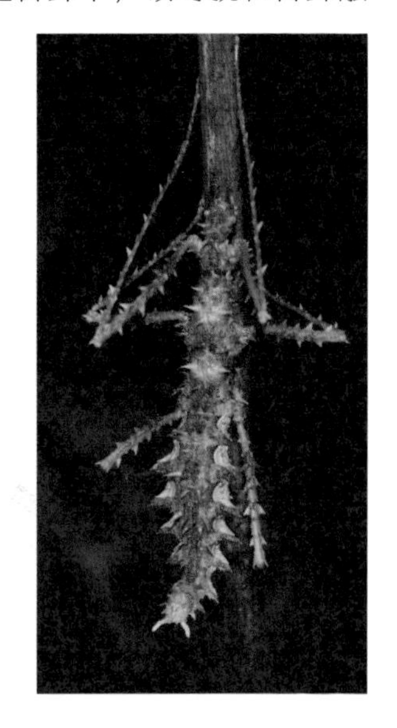

【小名片】
小叶龙䗛，笛竹节虫科，体型极为特殊的种类；黄绿色，深浅不一；体长 55 毫米，触角丝状，几乎与身体等长；头部及胸部多刺，腹部前 5 节具刺，每节腹板均向两侧延伸似小叶片状。取食蕨类植物。云南地区分布较多。

【寻访坐标】湖南舜皇山国家级自然保护区

【文】彭可心 【图】龚佑科

叶甲 | 会“算”圆周率的甲虫 |

叶甲，专吃树叶的甲虫，全球约 25000 种，光线照射下具有流光溢彩之美。要找到细小叶甲，只需看看树叶上有没有许多圆形孔洞。叶甲盯上一片树叶后，首先在叶子表皮上画出一个很浅的圆形印痕，再用有力的脚爪，沿着圆形印痕割裂表皮、剪断叶脉，然后就可以从容啃食咬开的圆形叶片了。

为什么画圆形，而不画方形、三角形或随意画个不规则形？数学知识告诉我们，同等周长下，圆形面积最大。因此，叶甲画圆形，意味着付出劳动强度一定的情况下，能吃到最大面积的叶片。

【小名片】
叶甲，鞘翅目叶甲总科昆虫，分布于全球，主要集中在热带。体卵圆形，体色多样；体长不到 12 毫米。叶甲成虫、幼虫均为植食性，不少种类是农林害虫。
【寻访坐标】长沙各地茶园
【文】彭雅惠 【图】湖南省天敌繁育中心

三候

鹰始鸷

纤纤细影，翩翩飞舞。

请不要叫我“蜻蜓”

夏日黄昏，临水处，纤细的豆娘落在草木上，它们大多色彩艳丽，隐隐闪现金属般炫目的光泽。

小时候，总以为豆娘是蜻蜓的儿女，它们实在长得很像——身体细长，胸部粗短，线条状的腹部约占整个身体长度的五分之四，同样四扇薄翼脉纹清晰，同样沉默宁静地在风中翩跹。只是豆娘比蜻蜓更多彩些、更细弱些，似乎是“缩小版”的蜻蜓。

不能发声的豆娘，执拗地用许多细节默默展示“我不是蜻蜓”：

蜻蜓的头像一个半球状，两个复眼比较大，复眼之间的距离狭窄，有时甚至完全连在一起；而豆娘的头像哑铃，两个复眼之间的距离比较宽。

蜻蜓前后翅大小不同，后翅比前翅更大一些；而豆娘的前后翅几乎一样。

停栖时，蜻蜓将翅膀平展在身体两侧，豆娘则将翅膀合起来束翅于背。

而最大的区别在于，蜻蜓相对身强体壮，飞翔能力强，有的蜻蜓可以飞翔几百千米；豆娘能够飞出的距离很少超过一千米。

【小名片】

豆娘，蜻蜓目束翅亚目昆虫，统称螅。类似小型的蜻蜓，但不是蜻蜓。最小的豆娘体长约 1.5 厘米，最大者可以长到 6～7 厘米。豆娘是比较原始的昆虫，中国有 650 余种。体型较小，飞行速度较慢，擅长捕食空中的小飞虫。

【寻访坐标】长沙烈士公园

【文】彭雅惠 【图】张京明

由于体型瘦小、飞行能力差，豆娘觅食、求偶、产卵几乎在出生的水域附近完成。它们找到“爱人”后，又会将卵产在同一片水域或邻近水域。豆娘的若虫生物学上叫水虿，以水生昆虫为食，水虿在水中生活少则一至三年，多则七八年，完成八至十四次蜕皮，才能爬出水面，渐渐变成豆娘，借着夏日暖风体会飞翔的自由。

广翅蜡蝉（若虫）| 白裙舞者，惊鸿一瞥 |

广翅蜡蝉若虫腹部末端有多束白色棉毛状蜡丝，呈扇状伸出，蜡丝可以覆盖整个体背，这是一种良好的伪装，能减少天敌侵袭。

人们把广翅蜡蝉定义为害虫，它们吸食树汁，影响植物生长，产卵于树枝，导致树木枯萎，但对于自然来说，并没有害虫与益虫之分。在大兴安岭原始森林中，我们曾发现一朵花上有54只昆虫，中国人与生物圈国家委员会专家委员会委员周海翔教授说：“这里没有打农药灭虫，但它却是非常健康的生态系统。”

【小名片】
广翅蜡蝉，半翅目广翅蜡蝉科，在我国主要分布在陕西、江苏、浙江、湖南等地。广翅蜡蝉是不完全变态昆虫，只有卵、若虫、成虫三个时期，无蛹期，由若虫直接羽化为有翅而且会飞的成虫。
【寻访坐标】湘阴县白泥湖乡
【文/图】张京明

螽斯 | 整个夏天，一只蝈蝈会为爱摩擦前翅多少次？

螽（zhōng）斯，是夏天最常见的鸣虫之一，交响乐团的常驻成员。蝈蝈是螽斯的俗称。

蝈蝈没有声带，它之所以能够成为歌唱家，靠的是摩擦翅膀上的发声器官。两翅愈发达，摩擦就越强劲有力，叫声愈大。据说，整个夏天一只蝈蝈会摩擦前翅5000万～6000万次。

夏夜里，能发出鸣叫的是雄性蝈蝈，它们以此来吸引雌性蝈蝈，寻找配偶。雌性蝈蝈是“哑巴”，不能发声。但雌性蝈蝈有听器，可以听到雄性蝈蝈的呼唤，一般会选中歌声洪亮者作为自己的“恋人”。

【小名片】

螽斯，直翅目螽斯科鸣虫，又称蝈蝈，是鸣虫中体型较大的一种，体长在40毫米左右。螽斯科为渐变态昆虫，一生要经历卵、若虫和成虫三个阶段。中国是螽斯科种类最丰富的国家之一，共记录螽斯科11亚科143属612种以上。

【寻访坐标】浏阳市洞阳镇

【文】彭可心 【图】张京明

Part.12
第十二章

大暑

土润溽暑，炎热至极。到了一年中日照最多、最炎热的节气，『湿热交蒸』在此时到达顶点。频繁的雷阵雨和持续的高温，催发农作物狂长，正所谓『大暑不暑，五谷不鼓』。暑气煊赫，蝉声嚣响，万物生发到极致，一切都是浓墨重彩的。

波斯菊
五彩缤纷的星辰撒向大地。
【图】湖南省林业局

美人蕉
一候
腐草为萤
一似美人春睡起，
绛唇翠袖舞东风。

这位“美人”的名字自唐诗中来

盛夏的骄阳下，依然生气蓬勃的花，美人蕉算一个。

这种我们再熟悉不过的植物，亭亭玉立，宽大的叶片之间抽出长长的花茎，一枝花茎上可开出数朵花，聚在一起十分热闹。

美人蕉原产于南美洲的热带和亚热带地区，中国常见栽培的有美人蕉、大花美人蕉、粉美人蕉、柔瓣美人蕉、金脉美人蕉等，花色丰富，有大红、粉红、黄色、橙黄、复色斑点等。

在唐代以前，美人蕉只有红色花，人们管它叫红蕉。最有名的“状元红”美人蕉，花朵硕大，花色艳红，远看如片片红霞，近看又如团团燃烧的小火球，将红色演绎得淋漓尽致。

晚唐罗隐诗云：芭蕉叶叶扬瑶空，丹萼高攀映日红。一似美人春睡起，绛唇翠袖舞东风。因为这首诗，美人蕉这个名字才传播开来，逐渐取代了红蕉。

美人蕉原是热带植物，如今在全国各地都可以种植，花期很长，从春天延及炎夏，甚至跃入颇带寒意的深秋。

只是它不耐寒，在北方经历霜冻之后，花朵和叶片会凋落枯萎，不过只要它的根茎不被冻死，来年仍会发芽开花。在南方气

【小名片】

美人蕉，美人蕉科美人蕉属多年生草本植物，别名红艳蕉、小芭蕉。全株绿色，叶片卵状长圆形，总状花序疏花；略超出于叶片之上；花红色、黄色、橙黄等，单生。适应性强，以湿润肥沃的疏松沙壤土为好，稍耐水湿。适宜栽植在湖南省海拔 800 米以下湿地或湿润地区。

【寻访坐标】长沙市月湖公园等地

【文】彭可心 【图】湖南省林业局

候适宜的地方，它可以全年开花，是很好的观赏花卉。

美人蕉不仅长得美，还能吸收二氧化硫、氯化氢以及二氧化碳等有害物质，净化空气。它的花和根可入药，有活血止血、安神降压的功效。

白车轴草｜传说中，谁找到了四叶草，谁就找到了幸运｜

传说找到四叶草，就找到了幸运。

常常有人在白车轴草丛中寻找幸运四叶草。白车轴草又名白三叶，一般来说它们长长的叶柄上长出的是掌状三出复叶，每一片小叶都有白色纹路，一片复叶中三片小叶的纹路围成近三角形。

偶尔，人们能在白三叶里发现四叶的，甚至五叶的。

【小名片】

白车轴草，豆科白车轴草属多年生草本。全株无毛，掌状复叶，顶生球形花序，花冠白色，荚果长圆形。

【寻访坐标】湖南乌云界国家级自然保护区等地

【文】彭可心 【图】湖南省林业局

幸运四叶草只是浪漫的说法，白车轴草一片复叶出现 4 片以上数目的小叶，是因为在叶片发育过程中遇到低温、病毒感染等特殊情况，导致小叶原基增生。

据说，找到一株四叶草的概率大约是十万分之一。祝你好运！

鱼腥草 | 清秀简约之姿，微辣带腥之味 |

夏日的花花世界里，有一些不惊艳不芬芳不起眼的花，悄悄地含苞，低调地盛开，如点缀夜空的繁星，你不一定留意它，但它是组成璀璨星空的一部分。

鱼腥草就以这样的状态开花了。清秀简约，四片白色花瓣姿态轻盈地点缀碧叶中，远看有点儿“白雪纷飞于绿林”的感觉。其实，这四片白色“花瓣”是总苞片，位于花朵中央高高耸起的黄绿色“花蕊”才是真正的穗状花序。

鱼腥草花和叶都含有“鱼腥草素”，散发出特殊的腥味。虽不好闻，但实用性很强，居室之中，放置两三盆鱼腥草，可令蚊蝇退避三舍。

【小名片】
鱼腥草，三白草科蕺菜属多年生草本植物，其茎扁圆柱形，扭曲而细长；表面淡红褐色至黄棕色，具纵皱纹或细沟纹；叶片极皱缩而卷折，微具鱼腥气，花期 5—8 月。
【寻访坐标】湘西土家族苗族自治州花垣县排料乡等地
【文】彭雅惠 【图】湖南省林业局

二候 土润溽暑

热爱颜色艳丽的服饰
以及夏日新鲜多汁的瓜果

红脊长蝽

打屁虫到底打不打屁

在一年中阳光雨露最充足的时候，各类瓜果赶着膨大、成熟。诚挚热爱着各类瓜果的打屁虫也进入活跃时期。

严格来说，打屁虫并不是一种虫，中国约有 5000 种蝽类昆虫，在民间被笼统叫作打屁虫。在湖南，红脊长蝽是最常见的打屁虫之一。

到农村的菜地里，尤其是瓜果类蔬菜的藤蔓上，很容易发现一种长圆形虫子，通体以橘红色为底色，头部后方的前胸背板左右对称生有两块黑斑，前翅一半为革质，一半为膜质，黑斑与收敛的膜质翅共同将橘红底色分割成一个“X”形。这就是红脊长蝽。

单只红脊长蝽，是小巧的、鲜艳的，一点也不可怕。但它们几乎不会单独存在，据说因为色彩太耀眼，无法低调偷生，红脊长蝽一生都要抱团保命，它们一堆堆、一团团聚集在茎叶上，对于有“密集恐惧症”的人来说，简直是噩梦一般的存在。

作为打屁虫的一员，红脊长蝽真的会打臭屁吗？实际上，蝽科昆虫并不能进行真正意义上的打屁，它们只是天生有臭腺，能分泌臭液，在空气中挥发成臭气。红脊长蝽的臭腺生在后足基节

【小名片】

打屁虫，半翅目长蝽科昆虫，不完全变态，成虫长 10 毫米，红色，具黑色大斑，被金黄色短毛。1 年发生 2 代，成虫和若虫群集于嫩茎、嫩瓜、嫩叶等部位，刺吸汁液，刺吸处呈褐色斑点，严重时导致枯萎。以成虫在寄主附近的树洞或枯叶、石块和土块下面的穴洞中结团过冬。

【寻访坐标】湖南农业大学校园等地

【文】彭雅惠 【图】湖南省天敌繁育中心

旁，一受刺激就会即刻发功。

我亲见一只红脊长蝽不小心落进蜘蛛网，长腿蜘蛛急急忙忙跑来看它的收获，用前肢试探了两下却掉头而去。看来，大自然里受不了“臭屁”攻击的可不止人类。

中华扁锹甲 |穿上纯黑铠甲，准备战斗吧|

中华扁锹甲是世界上最大的扁锹甲之一——雄虫体长 3～8 厘米，雌虫体长 2～4 厘米。

单看中华扁锹甲的外型，一身低调的黑色磨砂甲壳，和自然界里其他五彩斑斓的虫子相比，暗淡了许多。

但中华扁锹甲自有吸引眼球的法宝。雄虫头顶长着一双厚实、锯齿状的上颚，像把大剪刀。

雄性中华扁锹甲是个好斗的角斗士，仗着自己“人高马大”，又有一双骇人的上颚加持，留下了脾气暴躁的坏毛病。

瞧，这可不是一只好惹的虫子。

【小名片】
中华扁锹甲，我国分布广泛、最常见的锹甲，常见于阔叶林壳斗科的树木上，成虫出现于4—10月，白天多隐居在流汁的树洞中，喜欢夜间活动，有趋光性。
【寻访坐标】岳麓山等地
【文】彭可心 【图】辣椒

蚱蜢 | 在草木葳蕤之地，奏出夏日独有曲调 |

夏的下半夜，草木葳蕤之地传来曲调：括括括……蚱蜢浑身浅绿，头顶短短触角微微耸动，两条强壮有力的后腿因太长而不得不折起来，翅膀摩擦着大腿，平和地演奏曲调。

蚱蜢通常散居，性情相对温和，基本不会形成严重危害。但在特定情况下，蚱蜢们释放一种特别的信息素，大规模集结形成蝗灾，所过之处则寸草不留。

湖南常见 3 种蚱蜢：头尖的油蚱蜢，或者平头的土蚱蜢、飞蚱蜢。对孩子们来说，没有在草地捕捉过蚱蜢的夏天，是不完整的。

【小名片】
蚱蜢是直翅目蝗科动物的统称。全世界有超过 12000 种蚱蜢，都属于不完全变态昆虫，包括卵、若虫、成虫三个阶段，多以卵在土壤中的卵囊内越冬，仅少数种类以成虫越冬。1 年中发生世代数，取决于生物学特性和不同地区年有效积温、食物、光照等情况。

【寻访坐标】长沙烈士公园等地

【文】彭雅惠 【图】张京明

三候 大雨时行

羽衣鲜艳，“情歌”真挚，舞蹈欢快，
“大女主”日子如此精彩。

坐拥后宫“佳夫”三千，“大女主”日子有多精彩？

一般来说，雄鸟比雌鸟更艳丽漂亮、体型更大。彩鹬（yù）却反其道而行，雌性貌美如花，并更健硕。

雌性彩鹬鸟如其名，黑头白眼圈，脖子和前胸是鲜艳的栗色，翅膀上排列着铜绿色翼斑，阳光照射下泛着金属光泽，肩膀还有两条白色“肩带”，连到雪白腹部，从正面看就像穿着一条白色的背带裤。

单看外貌，雄性彩鹬绝对被雌性“艳压”。雄彩鹬的“背带裤”为黄色，其他羽毛是暗淡斑驳的灰褐色，整体而言可谓朴实无华。

彩鹬在我国南方不罕见，它们喜欢栖息在水塘和沼泽之中，生性胆小，多在晨昏和夜间活动，白天一般藏在草丛，受惊也一动不动地隐伏着，直至人走到跟前，才突然飞起，边飞边叫。

彩鹬实行一妻多夫制。其他鸟类都是“男追女”，彩鹬却是“女追男”。每年5—7月，雌性彩鹬会披上鲜艳的繁殖羽，一改平日沉默个性，发出低沉的“咕咕”声，并欢快舞蹈，以吸引雄性彩鹬。“追到手”后，雄鸟就被纳入“后宫”。雌鸟产下卵就潇洒

【小名片】

彩鹬，彩鹬科彩鹬属小型涉禽，体长25厘米左右，嘴细长，尖端向下弯曲。雄鸟头具淡黄色中央纹，眼周黄色，并向后延伸成一柄状带，背具白色横斑，两侧具黄色纵带，胸侧至背有一白色宽带；雌鸟喉和前颈栗色，眼周和向后延伸的柄白色；幼鸟与雄鸟相似。以虾、蟹、螺、昆虫为食。近年由于沼泽地被开垦、环境污染及鸟卵被捡拾等原因，种群数量明显下降。在湖南属夏候鸟，多见于洞庭湖湖区、湘江及其支流等湿地特征显著的区域。

【寻访坐标】东洞庭湖湿地等地

【文】彭可心 【图】张京明

离开，孵蛋带娃重任全由爸爸负责。一只雌性彩鹬会与数只雄性彩鹬交配，并产数窝卵，分别由不同的雄彩鹬孵化。

后宫“佳夫”三千，雌彩鹬做到了。

池鹭 | 江湖高手，涉水而行 |

每年7月、8月，就到了“捡池鹭的季节”。不少人会在树木茂盛的水域边捡到一种嘴长、脖子长、腿长，羽毛以棕褐色为主的大鸟，这极可能是池鹭。

它们5月中旬开始产卵，按照时间推算，7月、8月是亚成鸟尝试离巢生活的时候，因此可能发生失误落到地上。池鹭在湖南繁殖种群很多，分布极广，因此发生失误的亚成鸟被人们捡到的概率很高。

成年池鹭美得多，它们保留了长嘴、长腿，换上多彩羽衣：脖羽棕红，背羽蓝黑，两扇翅膀几乎雪白。

【小名片】

池鹭，鹳形目鹭科池鹭属鸟类，体长约47厘米，嘴长而尖，呈黄色、尖端黑色，脸和眼部裸露皮肤黄绿色，脚和趾暗黄色。

【寻访坐标】湖南农业大学及周边、中南大学南校区及周边地区等地

【文】彭雅惠 【图】张京明

悠长夏日，择水而渔。垂钓者享受宁和心境，飞鸟们则追求饱腹快感。

有一种鸟颇为特别，只要一眼就能认出——通体只有黑白两色，且两色相间呈斑杂状，与斑点狗的毛色有异曲同工之妙。这种鸟，就是斑鱼狗，翠鸟的一种。

斑，指明其外貌特征；鱼狗，则是翠鸟的别称，因为翠鸟在靠近水域的树枝或者岩石上狩猎鱼虾时，身体常像小狗一样直直地蹲着。李时珍在《本草纲目》中曾对此别名作过一番解释：“此即翠鸟也。穴土为巢。大者名翠鸟，小者名鱼狗。”

【小名片】
斑鱼狗，佛法僧目翠鸟科鱼狗属中型鸟类，通体黑白斑杂状，体长 27～31 厘米。雄鸟有两条黑色胸带，前面一条较宽，后面一条较窄；雌鸟仅一条胸带。斑鱼狗是为数不多的常悬停于水面寻食的鱼狗，食物以小鱼为主，兼吃甲壳类和水生昆虫。
【寻访坐标】平江县汨罗江沿岸等地
【文】彭雅惠 【图】张京明

Part.13
第十三章

立秋

云天收夏色，木叶动秋声。

立秋了，此时的风已不同于暑天中的热风，而是略带爽意。自然界的草木开始结果孕子，收获的季节即将到来。环颈雉踱步走过乡间草地；黑枕黄鹂边飞边唱，叫声清脆婉转，洋洋盈耳；灰脸鵟鹰为那些平淡的山林带来激动人心的搏斗。大自然渐渐褪下繁荫浓绿，呈现闲云野鹤的自然色。

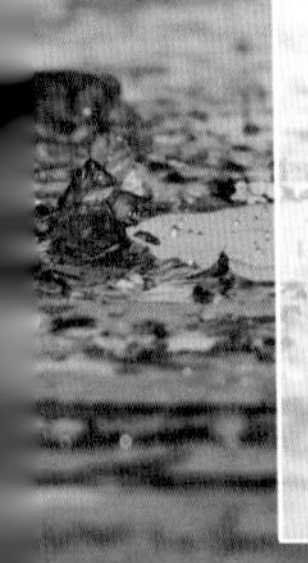

灰翅浮鸥

湿地之上，邂逅爱情。

【图】张京明

环颈雉

凉风至

一候

身着华服，踱步走过乡间草地。

这只鸟，不吃嗟来之食

绚丽的羽毛，脖子上戴着白色项圈，拖着长长的尾巴，当环颈雉踱步走过乡间草地时，大概没有人不会赞上一句“漂亮”。

当然，华丽的环颈雉只是雄鸟。雌性环颈雉衣着十分朴素，全身以栗色与褐色为主，也没有长尾巴。它全权负责孵蛋带孩子的工作，灰暗的羽色能为它提供更好的隐蔽效果。

雉，其实就是我们俗称的野鸡。

古人认为，雉鸡是一种难以驯服的动物，不吃嗟来之食，这个特点好比高洁之士的品格。以前士人之间相互拜访，所选的礼物就是雉鸡。

环颈雉能够适应形形色色的环境，最理想的是山地灌丛或者是丘陵地带。一来这些区域更有助于环颈雉隐匿自己的身影，二来这些区域也都有着丰富的食物资源可供环颈雉维持生计。

虽然长得大只，但环颈雉行动总是小心翼翼。平时一遇风吹草动，它们就会本能地压低身子潜行，或者卧下不动很长时间。独创的逃脱技巧只有一个，“敌不动，我不动”。

环颈雉奔跑能力较好，但飞行能力一般，尤其续航能力差，往往起飞后不久就开始降落，类似“抛物线”飞行。如果在空旷

【小名片】

环颈雉，别名野鸡、七彩山鸡，属鸟纲鸡形目雉科鸟类。一雄多雌制，繁殖期3—7月。主要栖息于低山丘陵、农田、地边、沼泽、草地。分布于欧洲东南部、小亚细亚、中亚、中国、蒙古、朝鲜、俄罗斯西伯利亚东南部。

【寻访坐标】洞庭湖区等地

【文】彭可心 【图】张京明

地区被天敌连续追击，甚至会因飞行次数太多而耗尽体力，最后累得走不动而束手就擒。

环颈雉属湖南省地方重点保护野生动物和国家“三有”动物，禁止猎捕和贩卖野生个体。

绿鹭 | 鸟中渔夫，善设机巧 |

聪明的绿鹭会从居住地周边取材，用木屑、小虫以及其他类似食物的东西作为诱饵，放在浅水区吸引鱼类注意力，自己则躲到近处的树丛暗中观察。一旦有小鱼上钩，绿鹭马上飞扑下来用尖嘴戳住带走。假如上钩的鱼太小，它们还会将小鱼弄伤，用小鱼作饵，等待大鱼上钩。当较大的鱼贪食游过来，绿鹭能掐准时机一击必中。

根据人类已观察到的鸟类捕食行为，绿鹭是自然界唯一会钓鱼的鸟。从这个角度看，它们确确实实是善设机巧的聪明鸟。

【小名片】
绿鹭，鹈形目鹭科绿鹭属鸟类，体型小。常见于山间溪流、湖泊，栖息于灌木草丛中、滩涂及红树林中，以小鱼、青蛙和水生昆虫为食。4月迁徙至繁殖地，在近水的阔叶林或灌木林的树冠隐蔽处筑巢。除繁殖期外，多单独生活。

【寻访坐标】长沙市开福区捞刀河镇苏家托

【文】彭雅惠 【图】张京明

灰脸鵟鹰 | 为那些平淡的山林，带来激动人心的搏斗 |

灰脸鵟（kuáng）鹰，一种中型猛禽。当它威风地站在树梢左右环顾时，你就知道，它要开始捕猎了。它有时主动出击，发出嘹亮的叫声，贴近地面飞行，不急不慌地寻找猎物；有时安静地站在树上窥探着自己的猎物，找准时机便迅猛出击，俯冲而下，百发百中。

2010 年，湖南省东洞庭湖国家级自然保护区首次发现了灰脸鵟鹰的踪迹。至今，洞庭湖上空还有灰脸鵟鹰展翅翱翔的身影。近年来，在湘西、湘南、湘东山区，灰脸鵟鹰也偶有现身。

【小名片】
灰脸鵟鹰，又名灰面鹞，隼形目鹰科鸟类。常单独活动，只有迁徙期间才成群。主要以小型蛇类、蛙、蜥蜴、鼠类、松鼠、野兔和小鸟等动物性食物为食。各地种群数量很少，较为罕见，属国家二级重点保护野生动物。

【寻访坐标】东洞庭湖国家级自然保护区

【文】彭可心 【图】张京明

白露生
二候
一叫一回肠一断。
大鹰鹃

一只大鹰鹃全力扑向一棵大树

终于，大鹰鹃朝我飞来，停在我前面 20 来米的树枝上，离地面大约 4 米。对于拍鸟人来说，这是个不错的位置。

透过镜头，我看它很妩媚，料想它看我也是如此。默默对视，相看两不厌。

忽然，它顺着树枝从右后方向左前方小跑几步，背对着我腾空而起。

我一边按动快门，一边在心中叹息，只能拍背影了。

奇迹出现了，飞翔的大鹰鹃突然 180 度扭转脑袋，用尖利的喙衔住一条大青虫。

原本不用这么费力，它完全可以顺势捉虫，为什么要搞出这么高难度的动作？难道是为了让我给它拍一张酷照，留个永远的记忆？

大鹰鹃总有一些惹人遐想的动作。

一只大鹰鹃全力扑向一棵大树，难道它想撞头自杀？

不是的。在即将触树的瞬间，它张开翅膀如打开降落伞一样减速，双爪前扬，抓住树干上的凸起部，并迅速从树上凹槽处叼出一条松毛虫，跃上枝头，大饱口福。

【小名片】
大鹰鹃是中等体型（约 34 厘米）的杜鹃。自己不营巢，寄生于喜鹊等鸟类的巢中产卵，卵与寄主卵的外形相似，孵化后雏鸟将寄主雏鸟杀死，被寄主喂养至成熟。一般栖息于山林中、山旁平原。在湖南为夏候鸟，洞庭湖区 2017 年首次记录到大鹰鹃。

【寻访坐标】岳麓山

【文／图】张京明

松毛虫身上长有毛刺，一般的鸟类不敢捕食，大鹰鹃却食之如饴，是无惧无畏的森林卫士。天地自然本是平衡的。如果鸟像从前那么多，无需农药，森林也不会有太多病虫害。

大鹰鹃的名字大家可能比较陌生，它其实就是杜鹃的一种，乡人有时也称作阳雀，每到春夏，日夜啼鸣，声极哀切。

橙腹叶鹎 | 饮了蜜的嘴，唱起歌来格外动听 |

橙腹叶鹎（beī）是中国最常见、分布最广泛的叶鹎。雄鸟身上至少有六种色彩，雌鸟身体大多绿色，和树叶十分相似，使它能完美地隐形于叶间。

橙腹叶鹎最大的爱好就是吃甜食。它们用那长长的鸟喙，伸进花蕊中大快朵颐，“采花贼”名不虚传。偶尔也会衔起果子，仰起头一咬，吸食甜滋滋的果浆。

不知道是不是吃多了蜜，橙腹叶鹎的声音格外甜美，叫声如流水般潺潺而出，升降有致，悦耳动听。它还是天生的口技高手，善于模仿其他鸟类的叫声。

【小名片】
橙腹叶鹎，和平鸟科叶鹎属鸟类，体长 16～20 厘米。繁殖期 5—7 月，营巢于森林中的树上。橙腹叶鹎主要栖息于海拔 2300 米以下的低山丘陵和山脚平原地带的森林中。
【寻访坐标】湖南省森林植物园
【文】彭可心 【图】张京明

麻雀 | 风儿多情，鸟儿多嘴，时光缓慢温柔 |

麻雀是与人类最为亲近的鸟类之一，同时也是湖南的优势种。20 世纪 70 年代，农药、化肥开始大面积使用，麻雀的繁殖期，也正是农田用药高峰期，育雏期的麻雀特别是雏鸟喜食昆虫，会因取食被农药毒死的昆虫而直接致死。

现在，我国已经全面禁止使用有机氯农药，陆续出台政策禁止和限用高毒有机磷农药。2002 年，重新修订出台的《湖南省地方重点保护野生动物名录》，首次把麻雀列入“名录”。近年来，湖南林业部门在全省范围内禁止猎捕野生鸟类。这也意味着，猎捕麻雀将被依法追责。

【小名片】

麻雀，属雀形目雀科的小型鸟类。成鸟身体背部和头顶是较深的褐色，腹部颜色较浅，脸颊部分为灰白色有一个明显的黑斑。这是它最重要的识别标志。食性较杂，主要以谷粒、草籽、种子、果实等植物性食物为食，繁殖期间也吃大量昆虫。

【寻访坐标】城市乡村随处可见

【文】周月桂 【图】张京明

仙八色鸫

三候

寒蝉鸣

霓裳羽衣出，
林深不知处。

它比彩虹多一色

全世界不到1万只的“仙鸟”，在邵阳隆回显现踪影。

一见这鸟，立即明白“霓裳羽衣”是什么样的——棕色头冠、黑色眼纹和颊部、土黄色眉纹、白色喉部、淡黄色胸腹、亮蓝色腰尾、湖绿色肩背和翅膀、艳红色尾下覆羽，不过20厘米的身体，集合了8种醒目颜色，并且一点也不缭乱，斑斓炫目得让人“惊为天鸟”。

也许正因这不可思议的色彩，人们为它冠名时特地加入“仙”字，称之为“仙八色鸫（dōng）”。

虽被叫作“鸫”，但实际上仙八色鸫不是鸫科鸟类，除鸟喙形状和捕食行为与鸫相似，其他方面都相差甚远。仙八色鸫属于雀形目亚鸣禽类八色鸫科，与阔嘴鸟科亲缘关系接近，与属于鸣禽的鸫类相当疏远。

仙八色鸫的“仙气”当然不止于外貌不凡。它们数量极为稀少，又生性羞怯，很少出现在开阔的林冠层地带，喜欢躲在灌丛中栖息，因此人类难觅其踪，所谓“仙踪难寻”。每年春季，仙八色鸫从加里曼丹岛北部的越冬地出发，飞往中国大陆东部和东南部、日本及朝鲜半岛的繁殖地，在海面飞行数百甚至千余千米。

【小名片】

仙八色鸫，雀形目八色鸫科八色鸫属中型鸟类，体长约20厘米。雄鸟全身羽毛有8种颜色。候鸟，5月下旬繁殖。仙八色鸫在我国属国家二级重点保护鸟类，偶见于湖南湘西及湘西北山区的次生阔叶林内。

【寻访坐标】邵阳市隆回县

【文】彭雅惠 【图】张京明

到达繁殖地后，偶尔现身，往往引得天南地北的观鸟爱好者奔波追踪，逼得它们弃巢而遁。

距离产生美，距离保护美。为“仙鸟”保留隐秘安静的栖身之所，才能让它们长久地用非凡之美为世界增色。

黑枕黄鹂 | 叶底黄鹂一两声 |

“两个黄鹂鸣翠柳，一行白鹭上青天。”能让“诗圣”杜甫将黄鹂写进诗中，一定有它的过“鸟”之处。

黑枕黄鹂有个外号叫“金衣公子”。它的金黄色衣裳相当打眼，加上粉红色的喙、黑色的翅膀和尾巴，配色华丽，吸引眼球。不过，在野外生存，颜色过于醒目未必是件好事。有资料显示，可

【小名片】
黑枕黄鹂，雀形目黄鹂科鸟类。树栖鸟，极少在地面活动，喜集群，常成对在树丛中穿梭，叫声悦耳。一雄一雌制；繁殖期5—7月。在我国广泛分布于除西藏、新疆、青海、甘肃西部外的大部分地区；华北及以南较为易见。
【寻访坐标】长沙烈士公园
【文】彭可心 【图】张京明

能由于野外生存环境受限制，也可能是醒目的羽色，部分地区黑枕黄鹂大约只能活 3.5 年。

黑枕黄鹂在湖南为夏候鸟，通常夏季在乔木林中较为容易观察到它。

蓝翡翠 | 蓝色宝石一样闪耀，蓝色闪电一样迅疾 |

翡翠，是国人视之为“玉中之王”的宝石。你可知，在湖南的山林、湿地，藏着蓝翡翠，这种羽毛如宝石一样美的翠鸟，美丽非凡。

这样娇美的小鸟，性子却一点也不温婉。它们从不吃素，无肉不欢。它捕食有两个法宝：坚硬有力的大嘴、极快的飞行速度。蓝翡翠的嘴能开凿坚硬的土壁做窝，深达 60 厘米以上，对于所猎获的食物也是一口吞掉。除了繁殖期，蓝翡翠独来独往，当寻找它的人听到它尖厉的叫声，循声望去，只能见到一道蓝色闪电。

【小名片】
蓝翡翠，翠鸟科翡翠属鸟类，又称黑顶翠鸟、蓝翠毛等。因具有宝石般辉亮的羽衣而得名。虽属于翠鸟科，但它除了主食鱼类外，也吃虾、螃蟹和各种昆虫。广泛分布于印度至日本、中国、东南亚至菲律宾及印度尼西亚。
【寻访坐标】岳阳县荣家湾镇
【文】彭雅惠 【图】张京明

Part.14
第十四章

处暑

暑气渐消，五谷趋熟。

酷热难熬的天气到了尾声，即使『秋老虎』发威，也阻挡不了热力减弱的大势所趋。在这秋高气爽之时，日夜温差悄然加大。夜寒昼暖的环境，利于农作物将白天吸收的养分到晚上储存，因而庄稼成熟很快，『处暑满田黄，家家修廪仓』正是此时农事的形象表述。

此时，还有千奇百怪、千变万化的菌类，将热闹的山林变得更加缤纷多彩。

鸡冠花

一枝秾艳对秋光，
露滴风摇倚砌傍。

【图】田超

一候 鹰乃祭鸟

在莲叶与莲叶之间，孵一窝蛋，等一条鱼。

小鸊鷉

那只“小鸭子”，游泳像“王八”

处暑“出暑”，秋凉渐浓。城乡水域常常形成一个小规模“水鸟天堂”，许多水鸟享受着一年最后的温暖时光。

“看，湖里有小鸭子。”有家长在提醒孩子。循声望去，只见水面有三两只圆乎乎、红褐色的小东西浮着，动不动还会潜进水里，倏忽一下又从别处探出水面，有时还伸着脖子，扑棱着翅膀，踏着水波飞速前进，轻巧迅捷。如果拿上望远镜观察，能看见它们凶巴巴的眼睛与一般所见鸭子的眼睛差别很大。

虽然这些“小鸭子”半点也不在乎人类叫它什么，但实际上，它们真的不是鸭子，它们叫小䴙䴘，一种在湖南十分常见的水鸟。

䴙䴘是一类水鸟的统称，中国有五种，其中小䴙䴘体长不超过30厘米，个头最小，因此得名。由于身体结构特殊，所有䴙䴘都不善于陆地行走，容易栽跟头，因此一生中大部分时间在水中度过，擅长游泳和潜水。小䴙䴘的水上、水下功夫都很了得，但它游水时翅膀贴紧身体合成圆滚滚的一团，脚从身后露出，脖子前伸，姿势和形象与甲鱼遨游时非常相似，因此又得了一个很接

【小名片】
小䴙䴘，䴙䴘科水鸟，体长25～29厘米，翼展40～45厘米，体重100～200克，寿命13年。繁殖时，喉及前颈偏红，头顶及颈背深灰褐，上体褐色，下体偏灰，具明显黄色嘴斑，每窝产卵4～7枚，卵形钝圆，污白色，雌雄轮流孵卵。非繁殖时，上体灰褐，下体白。栖息于湖泊、水塘、水渠、池塘和沼泽地带，也见于水流缓慢的江河和沿海芦苇沼泽中，以水生昆虫及其幼虫、鱼、虾等为食。

【寻访坐标】 长沙桃花岭公园等地

【文】彭雅惠 【图】张京明

地气的名字“王八鸭子”。

虽然在湖南属于留鸟，但天气渐冷，小䴙䴘将不会如夏天这般活跃。要看“王八鸭子”，还得抓紧初秋好时光。

大嘴乌鸦 | 穿深色的羽衣，唱黑色的歌 |

空中忽然传来“啊、啊”的鸟叫声，干涩粗哑，撕心裂肺，几道黑色剪影飞过昏黄的天空。

薄暮时分，旷野之处，山风大且凉，听到这粗粝的乌鸦叫声，让人一瞬间起苍凉之意。

大嘴乌鸦，是湖南最常见的乌鸦之一，最能代表“乌鸦嘴”的真面目。它们又叫巨嘴鸦，俗称老鸦、老鸹，最大的特点是嘴粗厚，嘴峰弯曲呈“拱形”，嘴基有长羽，伸至鼻孔处。加上额头高耸，上嘴与前额几乎成直角，看起来是颇具攻击性的。

事实上，大嘴乌鸦确实凶悍，甚至可集群围攻猛禽。

【小名片】
大嘴乌鸦，雀形目鸦科鸦属，成鸟体长可达50厘米左右，雌雄同形同色，通身漆黑，除头颈之外的羽毛带有一些显蓝色、紫色和绿色的金属光泽。杂食性鸟类，主要以蝗虫、金龟甲、金针虫、蝼蛄、蛴螬等昆虫、昆虫幼虫和蛹为食。
【寻访坐标】永州市蓝山县湘江源瑶族乡等地
【文】周月桂 【图】张京明

白眉姬鹟 | 白眉美人歌婉约 |

在湖南植被茂盛的山麓，幸运者能听见白眉姬鹟婉转的歌声。

白眉姬鹟雌雄异色。雌鸟颜色低调，以橄榄绿为主，它们担负着育雏重任，越低调越好；雄鸟颜色主要由黑、白、黄三色组成，腹部的黄色相当靓丽，被人戏称为“鸭蛋黄”。

繁殖季，白眉姬鹟“夫妇”会找一个树洞筑巢孵蛋。刚出壳的幼鸟很能吃，张着小嘴冲着洞外不停地叫唤。亲鸟顾不上悠扬鸣唱，每日穿梭忙碌去外面觅食，然后交替回到洞中喂食幼鸟。

只要大约 15 天，羽翼日渐丰满的白眉姬鹟幼鸟，就开始振翅离巢了。

【小名片】

白眉姬鹟，雀形目鹟科姬鹟属小型鸟类，体长 11～14 厘米。雄鸟上体大部黑色，眉纹白色，下体鲜黄色；雌鸟上体大部橄榄绿色，下体淡黄绿色。栖息于海拔 1200 米以下的低山丘陵和山脚地带山林，以鞘翅目昆虫为主食。

【寻访坐标】岳麓山等地

【文 / 图】张京明

二候

天地始肃

雨过天青云破处，
这般颜色做将来。

变绿杯盘菌

一朵有艺术天分的蓝绿蘑菇

世界艺术殿堂中流传千年的惊世技艺，欧洲细木镶嵌必有一席之地。文艺复兴时期，欧洲工匠们在薄木片上用颜色不同的木材、贝壳、金属、牙类等进行拼接与镶嵌，以天然色调配合呈现各种动植物图案。图像越复杂，对原材料颜色需求就越多。其中，蓝绿色调极其难得。

工匠们发现，一些树木断面会自然变成靓丽的蓝绿色，但变色的情况并不普遍。因此，具有蓝绿色调的细木镶嵌作品成为贵如黄金的奢侈品，成为财富、身份和荣誉的象征，成为人们竞相收藏的瑰宝。

时至今日，人们早已弄清楚，木材并不会自然变成蓝绿色，而是沾染了某种能染绿它们的真菌。这种真菌属于绿杯菌科，在湖南可见到的变绿杯盘菌是其中之一。

在湘西地区的大山里，杨树、栎树、桉树以及针叶树的朽木上，会长出深蓝绿色的“小蘑菇”，菌盖如袖珍版天青釉汝窑瓷盘，美不胜收，这就是变绿杯盘菌。它们属于木腐真菌，会侵蚀植物木质部导管细胞的细胞壁，并在此过程中释放盘菌木素，将木材

【小名片】
变绿杯盘菌，子囊盘直径 3～10 毫米，盘形，表面深蓝绿色，边缘稍内卷或波状，表面光滑。具菌柄，长 1～5 毫米，偏生至近中生。子囊具 8 个子囊孢子，子囊孢子呈椭圆形，光滑。常于夏秋季生于腐木上。该真菌子实体和培养菌丝可产生一种蓝绿色色素，作为天然染料应用于装饰木制品、纺织品等。

【寻访坐标】城步苗族自治县二堡顶等地区

【文】彭雅惠 【图】陈作红

表面染成蓝绿。

神奇的是，这种侵蚀并不会造成木材的大规模腐坏，反而可以抑制其他真菌，甚至白蚁对木材的破坏，所以被“绿杯菌们”染绿的木材具备制作艺术品的先天优势，加上这美丽神秘的颜色，难怪从文艺复兴时就跻身艺术殿堂。

黑柄炭角菌 | 灵比神芝，菌中极品 |

在中医药界，流传一种说法：“灵比神芝，不让虫草，菌中极者，乌灵仙参。”这个乌灵仙参，并不是某种人参，而是一种被命名为黑柄炭角菌的“蘑菇”。

黑柄炭角菌只生长在白蚁巢中，需要依靠白蚁巢超高浓度的二氧化碳和剩余营养物质而发育。它们长出地面的部分像一根小小黑棍，质地似木炭，这部分既无食用价值，也无医用价值；贵

【小名片】
黑柄炭角菌，子囊菌纲炭角菌科真菌，是一种传统的药用真菌、食用菌。其地下部分连接着白蚁窝，头部圆柱形，初为黄褐色，后变为黑色，表面密布黑色子囊壳孔口；不育菌柄部分长 2～10 厘米，黑色，末端连接着菌核，菌核暗褐色至黑色，卵圆形。
【寻访坐标】石门县壶瓶山国家级自然保护区等地
【文】彭雅惠 【图】陈作红

重的是一直“藏”在白蚁巢内的菌核，灰白色近圆形，这部分如同被烤过的土豆，它们是真正的乌灵参。

湘北的武陵山脉中，有乌灵参静悄悄藏在山林各处。

鹿花菌 | 其状已可怪，其毒亦莫加 |

脑花是经典火锅食材，经过红油汤底煮沸，令许多人着迷。

而在湘东酃峰地区，除了火锅旁，幽暗湿润的山林也有机会找到“脑花”。山里富含腐殖质的土壤会生长出一种真菌，菌盖粗糙且高度扭曲，形成密集褶皱，看上去很像脑回和脑沟。这就是鹿花菌。

鹿花菌含剧毒，能引起精神错乱、肌肉自发性收缩及眩晕、瞳孔放大演变至昏迷、循环性虚脱及呼吸停止等，最后导致肝肾衰竭或溶血而死亡。触碰过鹿花菌的人，如果没清洗干净手就进食，也会引起中毒。

【小名片】
鹿花菌，平盘菌科鹿花菌属大型真菌，具菌柄和菌盖，菌盖近球形，表面微皱至高度扭曲呈脑状，红褐、暗褐或黑褐色，有时略带灰或紫色，内部中空，瓣片薄，脆骨质；菌柄白色至乳白色，有时带淡褐色或淡黄色；孢子椭圆形，透明。

【寻访坐标】株洲市炎陵县酃峰自然保护区等地

【文】彭雅惠 【图】陈作红

禾乃登

三候

琉璃钟，琥珀浓，
小槽酒滴真珠红。

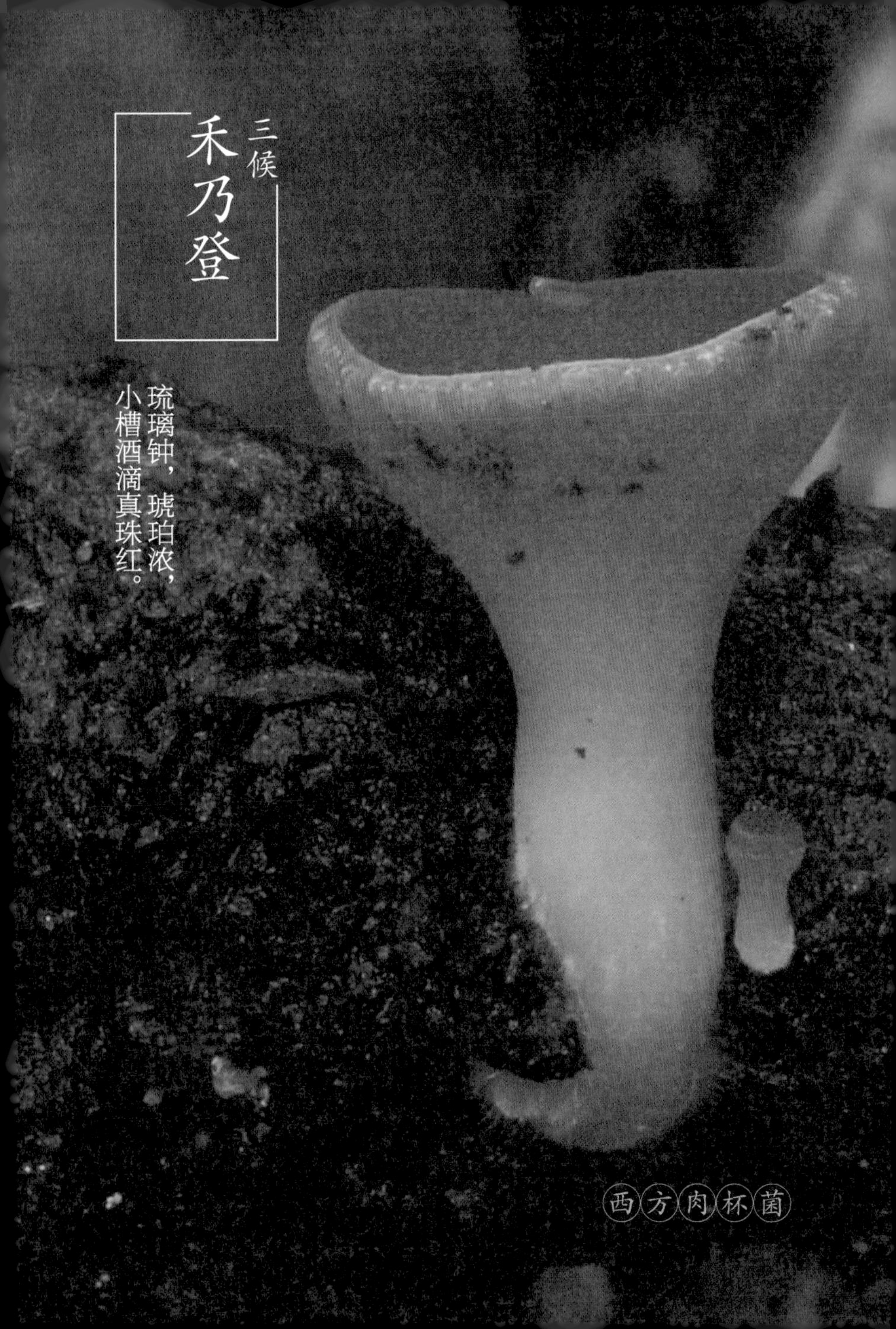

西方肉杯菌

精灵的酒杯什么样?

如果森林里真有精灵，那北半球的精灵一定爱喝点小酒，因为在北半球的许多森林都藏着精灵的“酒杯”。夏秋时节进入湖南北部的武陵山脉，说不定就能找到这种神奇“酒杯”。

250 年前，意大利自然学家乔瓦尼·安东尼奥·斯科波利发现一种菌子，菌柄白而粗，菌盖单薄而质地坚韧，色泽绯红，极似琉璃酒杯。后来，人们将其命名为“肉杯菌”，也称作“精灵杯”。

这种精灵的“酒杯”精致又艳丽，即使不能食用，欧洲人也会采收它们用作家庭装饰品。比如在英国士嘉堡，肉杯菌与苔藓和树叶组成固定搭配，装点餐桌。

湖南是北半球同纬度地区最具价值的生态功能区，当然也适合“精灵杯”生长。在武陵山脉密林，只要温度、湿度适宜，腐木或落枝上肉杯菌会如雨后春笋般冒头，不超过 2 厘米宽的“杯子”光滑小巧、朱红灿烂，这是肉杯菌中的西方肉杯菌。

据说，最具代表性的肉杯菌——猩红肉杯菌在“播种”时会因

【小名片】

西方肉杯菌，盘菌目肉杯菌科肉杯菌属真菌，广泛分布于北半球，生长在森林地表潮湿处腐烂的树枝上，通常埋在落叶下或土壤里。子囊盘直径 3~6 厘米，初期杯状，成熟后平展至碗状，近无柄或具短柄，子实层表面绯红色，子囊盘外表面同色但较浅，有少量白色绒毛，菌肉淡红色。具 8 个子囊孢子，单行排列。子囊孢子无色，表面光滑，椭圆形至柱形。食用性还未清楚确定，但子实体小而单薄，质地坚韧，应该很难走上餐桌。

【寻访坐标】常德市石门县壶瓶山国家级自然保护区等地

【文】彭雅惠 【图】陈作红

释放万千孢子而爆裂发出“噗噗”声，不知湖南的西方肉杯菌是不是也能“发声”？试想，精灵的“酒杯”突然响了，那一定是在召唤精灵出来喝酒吧。

羊肚菌 | 灰烬里重生 |

山火是灾难，但山火并不能消灭一切生命，羊肚菌就会在灰烬中疯狂生长。

作为风靡全球的顶级美食，羊肚菌长得就“很好吃”——白胖的菌柄，顶着个黄褐色菌盖，菌盖上褶皱多到“千疮百孔”，像极了羊的网胃。

在长出地面前，羊肚菌的孢子可能已经在地下生长发育成庞大的密集蛛网结构，需要适当的“火候”，菌核才能突破形成子实体的“大关”，长出我们所说的羊肚菌。

近两年，羊肚菌中的粗柄羊肚菌实现了人工栽培，大受市场欢迎。

【小名片】

羊肚菌，食用菌，圆锥形，表面许多不规则形凹坑，脊交织成网状，子囊盘淡黄色至黄褐色。菌柄长 2～4 厘米，直径 1.5～2 厘米，圆柱形，基部膨大，白色至淡黄色。子囊具 8 个子囊孢子。夏秋季生于林中地上，单生或散生。

【寻访坐标】邵阳市隆回县小沙江人工种植基地等地

【文】刘奕楠 【图】陈作红

蝉花 | 自由和生命，都是名贵的代价 |

蝉的幼虫会在地下生活 3～17 年不等，悄无声息。

但再低调的蛰伏，也无法逃避危险。虫草菌总会通过水渗透到地下，寻找蝉的幼虫并钻进其身体、吐出菌丝，将幼虫变成“僵尸”。被感染的幼虫如“中邪”一般从地下深处逐渐爬到距离地表两三厘米的地方，头上尾下而死，变作菌核。

适当的时候，虫尸头部向地面伸出形似花蕾的子座和棕黄的孢梗束，孢梗束末端缠绕大量孢子粉。宋朝苏颂在《图经本草》中将这种被感染的幼蝉称为“蝉花”，是一种名贵药材。

【小名片】

蝉花，虫草菌，寄生于蝉幼虫体而生成，孢梗束从寄主头部长出，1 个至多个，高 5～10 厘米，柄柱状，灰白色、淡橙黄色至黄褐色，上部分枝呈棒状、帚状，高 2～3 厘米，子实体夏秋季生长出土，分生孢子成熟时白色，粉状。

【寻访坐标】郴州市桂东县八面山国家级自然保护区等地

【文】彭雅惠 【图】陈作红

Part.15
第十五章

白露

白露秋风夜，一夜凉一夜。

白露节气，天气转凉，早晨草木上有了露水，凉爽的秋天到来了。

夜鹭、金眶鸻褪去繁殖期的华丽『礼服』，换上朴素的秋衣，做好了囤积脂肪过冬的准备；金灯藤、北美独行菜、一年蓬的种子四处飘散，在山坡、荒地安上了家。

梭鱼草

水边的小紫花，
和薰衣草一样浪漫。

【图】姚毅

夜鹭

一候

鸿雁来

爱的激情是全力跃进蓝天的动力，
勇往直前抓住新的生活。

手段百出的“吃货”

秋越走越深，湖南各处湿地酝酿着换上斑斓彩衣，而在湿地生活的夜鹭却要褪去隆重的繁殖期“礼服”。

作为鹭科鸟，夜鹭是个另类。它没有其他鹭鸟修长、笔挺的体型、体态，黑背白肚皮，头大颈短，是个粗壮的胖墩。每年春夏繁殖期，夜鹭枕部不知不觉会长出 2～3 根飘带似的白色冠羽，脚也由黄色暂变成桃红色。直到入秋，随着激情消散，夜鹭漂亮的冠羽和色彩也跟着不见，仍然回归黑白胖墩形象。

除了两极和澳大利亚，地球各处都能见到它们的身影。虽不罕见，夜鹭却屡次冲上人类“热搜”，几乎每一次都是因为它为了吃手段百出——

在深圳的动物园，夜鹭偷吃长臂猿食物被发现也不逃走，猿鸟大战，夜鹭被打进 ICU。

在日本多家动物园，都发生过园内企鹅在投食充足情况下长时间吃不饱饭的怪事。饲养员和爱鸟者们仔细观察发现，是因为野生夜鹭混进企鹅群，利用它们与企鹅极为相似的身形，心安理得地接受投喂并抢企鹅的鱼吃。在夜鹭强悍的战斗力面前，企鹅是“战五渣”，只能忍气挨饿。

【小名片】

夜鹭，鹈形目鹭科夜鹭属中型涉禽，体长 46～60 厘米，体较粗胖，颈较短。栖息和活动于溪流、水塘、江河、沼泽和水田地上。夜出性，喜结群，主要以鱼、蛙、虾、水生昆虫等动物性食物为食。

【寻访坐标】南洞庭湖湿地等地

【文】彭雅惠 【图】张京明

不过，三湘四水湿地较多，随着生态保护与修复的加强，想来夜鹭们能轻松饱腹，不必费心偷食。初秋的夜还不冷，每当夜幕降临，湿地的夜鹭呼朋引伴，边飞边叫边“宵夜”，好不快活。

白顶溪鸲 | 高山流水有隐士 |

白顶溪鸲大多生活在海拔 1800 米至 4800 米、人迹罕至的山间溪流或高山湖泊附近，垂直迁徙，天热上山，天冷下山，世世代代都是“濯清流而自洁”的隐士。

当山林清净无人，白顶溪鸲会飞临河溪中的石头，从容淡定地在大自然的广阔舞台上奏响胸中的“高山流水”乐章。如果歌声引来了另一只白顶溪鸲，双方不会争鸣，而是不约而同地变换音律，与自然的水声、风声、林叶摇曳声共同完成多重奏。这些隐士们一生所盼，无非“生涯一片青山，空林有雪相待，野路无人自还”。

【小名片】

白顶溪鸲，雀形目鹟科鸟类，体长约 19 厘米。雄性成鸟头顶至枕部白色，腰、尾基部及腹部深栗红色，雌性成鸟与雄鸟同色，但各羽色泽稍暗淡。一般生活在山区河谷，平原地带很少见到。繁殖期约在 4—7 月间。

【寻访坐标】浏阳市洞阳镇等地

【文】彭雅惠 【图】张京明

金眶鸻 | 戴金丝眼镜不一定都是“斯文败类”，还有可能是它 |

在夏季，金眶鸻（héng）是鸟中讲究仪表、斯文潇洒的典型。但这些“精英气质”，都是金眶鸻繁殖期的状态。进入秋天，它们步入非繁殖期，“面具”也不戴了，“领结”也不打了，羽毛灰不溜秋，斯文气质消逝不见，变得相当土气。

如果来年夏季，您在湖南某处沙滩发现了金眶鸻，千万小心脚下。因为它们从不实质性筑巢，繁殖时就在砂子和石子中间随便刨一个浅浅小坑，直接在坑里产卵，鸟卵和砂石融为一体。一个不留意，可能会毁掉一只金眶鸻的鸟生。

【小名片】

金眶鸻，鸻形目鸻科小型水鸟，涉禽，身长约 16 厘米，上体沙褐色，下体白色。常栖息于湖泊沿岸、河滩或水稻田边。主要吃昆虫、昆虫幼虫、蠕虫、蜘蛛以及甲壳类、软体动物等小型水生无脊椎动物。5—7 月为繁殖期。

【寻访坐标】长沙市望城区丁字镇等地

【文】彭雅惠 【图】张京明

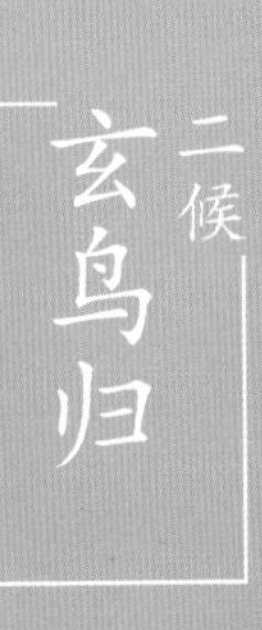

黑色的『复仇之鸟』，
落在清晨的荷花上。

清晨时，偶尔会听到类似“chiben-chaben”声音的连续鸣叫，噪杂而粗糙，这是黑卷尾们在开晨会呢。因为黎明时分叫唤得特别厉害，农村里都叫它“黎鸡”。

几年前有个新闻。大意是一位市民无意侵犯了黑卷尾的领地或“隐私”，它便“记恨在心”。这之后，黑卷尾就蹲守在市民家门口，只要市民一出门，它就会俯冲到她头顶，拉下一坨鸟屎。

你瞧，黑卷尾这种鸟多么记仇，心眼简直比针尖还小。“复仇之鸟”这个外号所言非虚。

假如惹到黑卷尾，它可不是和你纠缠一会，而是一直追着你不放。另外一则新闻中，黑卷尾就坚持不懈地攻击了同一个人3年多。

虽说黑卷尾所用的“报复方法”可能只是嘴巴啄脑袋，或者在头上拉屎，伤害性不算大，但是侮辱性很强啊。

不仅心眼小，黑卷尾还生性好斗。虽说是身长30厘米的小个子，但它们性情凶猛，动作敏捷，非繁殖期时，还喜欢成群结队行动，看起来颇有气势。黑卷尾有个绝技，从空中捕食飞虫，瓢虫、蝉、夜蛾、蜻蜓、蝗虫等常常成为它们的盘中餐。

在繁殖期间，一旦有外敌侵入领地，哪怕是鹰隼之类的猛禽，

【小名片】

黑卷尾，雀形目卷尾科鸟类，鸣禽。全长约30厘米。通体黑色，上体、胸部及尾羽具辉蓝色光泽。栖息活动于开阔地区，繁殖期有非常强的领域行为，性凶猛，非繁殖期喜结群打斗。主要取食昆虫。

【寻访坐标】长沙市望城区铜官镇等地

【文】彭可心 【图】张京明

黑卷尾也会毫不畏惧，主动出击，勇敢搏斗。

它们常用的招数是飞向空中后猛扑下来，用翅膀奋力击打。黑卷尾虽然不是鹰隼的对手，但鹰隼往往会被它的气势震慑，退让三分，很少与它交锋。

灰卷尾 | 在黑与白之间，有无数深深浅浅的灰 |

在我国，分布最广的有黑卷尾、灰卷尾、发冠卷尾3种。其中以黑卷尾最为常见，在有些地方就和喜鹊一样常见，灰卷尾紧随其后。

我国境内有3个灰卷尾亚种。靠近北方的灰卷尾，体色偏灰色，脸具大白斑；南方亚热带或热带森林中，灰卷尾体色偏暗，且眼先黑色；靠西南分布的亚种，体色偏灰黑色，脸无白色斑。大概就是，从北到南，灰卷尾的体色也由浅到深变化。虽说“色号”存在地理上的渐变，但它们都是灰卷尾。

【小名片】
灰卷尾，雀形目卷尾科鸟类。各亚种色度不同。主要栖息于平原丘陵地带、村庄附近、河谷或山区。主要以昆虫为食。分布于中国华北、中南、东南、西南大部分省份，多数为夏候鸟，冬天迁往印度、缅甸、马来西亚一带越冬。

【寻访坐标】长沙烈士公园等地

【文】彭可心 【图】张京明

凤头鹰 | 坚利的一生，留下一处柔软 |

凤头鹰是轻易就能看出来的。这种壮实的猛禽头部灰黑，背部及两翼褐色，胸腹部白色与褐色斑纹交织，尾下覆羽白色，如一团蓬松的棉花。即使凤头鹰如箭一般掠过天际，人们也能看到它尾下那团白色，好似裹着一条柔软的“纸尿裤”。

作为山林顶级杀手，凤头鹰捕猎讲究战术，有时会躲藏在树叶丛中暗中观察锁定猎物，有时又选择在空中长时间盘旋，发出尖厉叫声恐吓猎物。

当一只饱食的凤头鹰栖落在树上，同树的鸟类、树下的小动物也会纷纷逃亡。

【小名片】
凤头鹰，鹰形目鹰科中型猛禽，体长 41～49 厘米。雌鸟体型大于雄鸟。性善隐藏而机警，常躲藏在树叶丛中，有时也栖于空旷处孤立的树枝上。以蛙、蜥蜴、鼠类、昆虫等动物性食物为食。

【寻访坐标】湖南衡山等地

【文】彭雅惠 【图】张京明

三候 群鸟养羞

纠缠的一生，
剪不断，理还乱。

金灯藤

温柔桎梏，至死方休

在湖南任何有植物的地方，都可能见到金灯藤，它们无根亦无叶，只有血色长绳般的茎，一圈又一圈纠缠着乔木、灌木，甚至草本，从根到顶，万木可攀。到秋季，这光秃秃的细茎上多出“牵挂”——许多白色小花绽放，像一个个做好花边装饰的精致小钟。

然而，不论细长的红茎还是莹白的小花，都只是一场温柔的假象。金灯藤“身无所长”是因为它们只想当“吸血鬼”。一些寄生植物虽需靠攀附而活，但本身会有叶片，可以进行光合作用制造营养物质，金灯藤却将蚊子吸血用的针状“吸器”刺入寄主体内，完全依靠汲取营养维生。因此，被金灯藤缠上的植物绝无“共生”的可能，只能在桎梏中日渐憔悴，直至死亡。

每一朵金灯藤的花也包藏“祸心”。它们生成的种子成熟后会落入土中，休眠越冬，于次年春夏萌发，伸出胚芽在地面来回旋转，如雷达一样探知适宜寄生的寄主。一旦寄生关系稳定，金灯藤的茎就会与土中的部分脱离，变成一个新的、完全的“吸血鬼”。只要有一段金灯藤或者一颗金灯藤种子进入某块地界，很快会泛滥成灾，怎么摘都摘不干净。

金灯藤有个别名叫日本菟丝子，但并不原产于日本。在很久

【小名片】

金灯藤，旋花科菟丝子属一年生寄生植物。茎较粗壮，肉质，多分枝，无叶。秋季为花果期。目前广泛分布于中国南北各省区，寄生于树木、草本植物上，对所寄生的植物造成危害。其种子可作药用，是一味平补肾、肝、脾的良药。

【寻访坐标】永顺县小溪国家级自然保护区等地

【文】彭雅惠 【图】吴磊

以前，它们就已经侵入中国，原产于哪里难以考证。现在，《中华人民共和国进境植物检疫危险性病、虫、杂草名录》已明确将其规定为检疫性杂草。

北美独行菜 | 走遍世界，从未独行 |

北美独行菜很常见，外形有些像“三月三地菜煮鸡蛋”中的“地菜”。看名可知，这货不是本土植物，它们原产于美洲，虽无毒可吃，但在原产地仍被视为一种耐旱杂草。

每一株北美独行菜有 20～100 个总状花序，每个花序有 60～200 个短角果，每个短角果含 2 枚种子。也就是说，一株生长良好、营养充足的北美独行菜一年能育种多达 40000 粒，繁殖能力强盛得超乎想象。它还为棉蚜、麦蚜等害虫和甘蓝霜霉病、白菜病等病毒提供“中间寄主”式支持，帮助病虫害越冬。

【小名片】

北美独行菜，十字花科独行菜属一年或二年生草本植物。高可达 50 厘米，茎直立，基生叶片倒披针形。4—5 月开花，6—7 月结果。原分布于美洲，现广泛生长于欧洲和亚洲各地。我国山东、江苏、浙江、湖南、江西、广西等地均有分布。

【寻访坐标】长沙市望城区黑麋峰等地

【文】彭雅惠 【图】吴磊

一年蓬 | 蓬生非无根，漂荡随高风 |

一年蓬并非本土产，它原产于北美洲，我国原作为观赏植物引进。据记载，1886 年在上海首次采集到一年蓬，1930 年以后，一年蓬快速扩散，现在几乎遍布我国温带和亚热带地区。

虽然长得“人畜无害”的样子，但一年蓬具有强大的繁殖能力，挤占本地物种的生存空间，掠夺营养，对农作物、果树、蔬菜等生长产生很大危害，大大降低了本土植物的生物多样性。

它们通过种子繁殖，每棵植株一个生长期平均可产生 1 万 ~ 5 万粒种子，种子有冠毛，可随风传播。

【小名片】

一年蓬，菊科飞蓬属一年生或二年生草本。茎粗壮，高 30 ~ 100 厘米，直立，上部有分枝，绿色。花期 6—9 月。生于山坡、路边及田野中。原产于北美洲，在国内广布于吉林、河北、山东、江苏、福建、湖北、湖南、四川等地。

【寻访坐标】长沙市宁乡市青羊湖等地

【文】彭可心 【图】吴磊

Part.16
第十六章

秋分

秋色平分，硕果累累。

一年时光行到此处，半阴阳、均昼夜、平寒暑，此后则昼日短，夜渐长。粮食瓜果进入成熟期，各地都是一派丰收景象。

鸟儿开始为越冬储备脂肪，本土植物依然茂盛，但一些外来『入侵者』也进入长生高峰，一场场争夺资源、争夺空间、争夺生存权的战争悄悄打响。

白额燕鸥

我们的爱情，
从一条鱼开始。

【图】张京明

凤头麦鸡

雷始收声

一候

自由自在，荤素不忌。

“天线宝宝”是“鸟中吃货”

头戴凤冠、身披彩衣、脚蹬红靴……乍看凤头麦鸡，只觉它服饰华丽、举止高雅，但再往头顶一瞧，两边各伸出一条细长而稍向前弯的黑色冠羽，教人一下就想起“天线宝宝”，同样的“萌萌哒”。

在湖南，凤头麦鸡是冬候鸟。每年 10 月开始成群飞抵越冬。它们体型不大，一般不超过 30 厘米，但它们食量惊人，是典型的“吃货”，能够生吞蛙类和体型不太大的无脊椎动物。

为了更容易地填饱肚子，凤头麦鸡主要活跃在平原地带。这些区域往往有着广袤的农田，不需要花费什么功夫便能大快朵颐。蝗虫、甲虫以及各种鞘翅目昆虫、鳞翅目昆虫……都逃不过凤头麦鸡的无情铁嘴。

当然了，凤头麦鸡并非只吃荤，它们也吃素。为了饮食平衡，偶尔也会吃植物的种子或者嫩叶。

至于那些没有生活在农田地带的凤头麦鸡，吃的就更杂了，它们已经练就了不赖的捕鱼、捕虾技术，完全可以靠河鲜解决饿肚子的问题。

生活在丘陵、山林地带的凤头麦鸡，则会对蜗牛、蚯蚓等小

【小名片】

凤头麦鸡，鸻形目鸻科麦鸡属中型涉禽，体长 29～34 厘米。头顶具细长前弯黑色冠羽，像突出于头顶的角，甚为醒目；鼻沟长度超过嘴长一半；翅形圆，尾形短圆，尾羽 12 枚。我国大部分地区均有分布，常在湘北洞庭湖区及湘中平原丘陵地区的湖泊、河流及农田地带越冬。

【寻访坐标】东洞庭湖湿地等地

【文】彭可心　【图】张京明

动物下手。

总之在肠胃允许的范围内，凤头麦鸡可谓是无所不吃，是当之无愧的“鸟中吃货”。

鹊鸲 | 不论雅洁还是污脏，都是大自然孕育的蓬勃生命 |

湖南晚稻丰收在望时，一些“比较小的喜鹊”会频繁光顾稻田，它们不觊觎粮食，只全力捕捉害虫，为丰收助力。

其实，“比较小的喜鹊”是鹊鸲，雄鹊鸲与喜鹊一样，头部、背部至尾部为黑色，下体前黑后白。“鹊鸲”一名，就是指长相像喜鹊，歌喉如歌鸲。但鹊鸲娇小得多，体长约 20 厘米，2 只加起来也没有 1 只喜鹊大。

长得讨喜，又有益于粮食生产，鹊鸲却没有得到一个“好名声”。只因为了更容易觅得食物，鹊鸲常在粪坑、厕所、猪圈、垃圾堆搜寻，民间据此俗称其粪雀、屎坑鸟、猪屎渣。

【小名片】
鹊鸲，雀形目鹟科鹊鸲属，雄鸟上体大都黑色，翅具白斑，下体前黑后白；雌鸟则以灰色或褐色替代雄鸟的黑色部分。嘴粗健而直，长度约为头长的一半；尾较长，中央两对尾羽全黑，其余尾羽为白色。
【寻访坐标】长沙县果园镇浔龙河村等地
【文】彭雅惠 【图】张京明

普通夜鹰 | 于黑暗处，上演生命的精彩 |

蚊子大军最嚣张时，如果你听到窗外传来“biu、biu、biu、biu……”像报警器一样的发声，不要惊疑，这很可能是夜鹰来帮你灭蚊了。

夜鹰，不是黑夜出没的老鹰，而是一种主食昆虫的夜行性小鸟，体长 20 多厘米，比鸽子还小一点。

中国有 7 种夜鹰，湖南最常见的是普通夜鹰。为夜间捕食，它们优先发展了夜视能力，适应微光环境的眼睛在暗处呈现血红的颜色，并且夜鹰普遍嘴裂宽，捕食时张开大嘴足以遮住整个头。从夏至秋，夜鹰都在黑夜里上演生命的精彩。

【小名片】

普通夜鹰，夜鹰科夜鹰属鸟类，上体灰褐色，密杂以黑褐色和灰白色虫蠹斑；嘴偏黑；脚深褐色。常栖息于海拔 3000 米以下的阔叶林和针阔叶混交林，在中国大部分地方为夏候鸟，昼伏夜出，主要以天牛、甲虫、蛾、蝶、蚊、蚋等为食。

【寻访坐标】邵阳县县城郊区等地

【文】彭雅惠 【图】张京明

二候 蛰虫坯户

靓丽面孔下，藏着霸道的入侵之心。

此花过处，寸草不生

人类的步履，如今可到之处空前广阔。有意无意间，带着许多物种突破地理隔离限制，踏上它们过去从未涉足的疆土。

当外来植物被迁移到新环境下，能够生存扩散，且对本地环境和人类没有危害，中国人称之为“归化”；外来植物对“移居”之地的人类造成危害，或排挤本土物种、恶化环境状况，它们就成为“入侵物种”。

在中国，有一种能开出茂盛黄花的入侵植物极为霸道，所过之处寸草不生——它就是加拿大一枝黄花。

名为“一枝黄花”的植物，中国本土也有，如一枝黄花、毛果一枝黄花、钝苞一枝黄花。它们都是细小的花朵簇拥在枝干上，形成圆锥状或伞形总状花序，远远看去都是一整条长枝上布满黄花。作为著名的中草药，本土的各种一枝黄花，都与“友邻”们和谐共生。

而来自海外的加拿大一枝黄花，1935 年作为观赏植物被引入

【小名片】

加拿大一枝黄花，菊科多年生草本植物。有长根状茎，茎直立，高达 2.5 米；叶披针形或线状披针形；头状花序细小，长 4～6 毫米，在花序分枝上单面着生，形成开展的圆锥状花序。属于恶性杂草，繁殖力极强，传播速度快，生长优势明显，生态适应性广阔，与周围植物争阳光、争土肥，直至其他植物死亡，从而对生物多样性构成严重威胁，故被称为生态杀手、霸王花。已列入《中国外来入侵物种名单》。

【寻访坐标】湘江长沙段岸边等地

【文】彭雅惠 【图】田超

上海，之后随着商业贸易迅速扩散到全国各地。一株一年可以撒出 2 万多粒种子进行有性繁殖，还可以通过根状茎进行无性繁殖，即使扰动土壤也不会抑制它们生长。

很快，加拿大黄花疯狂开疆拓土，与本土原有植物争阳光、争肥料，致其无法生存。最终，黄花到处，除了它们自己，寸草不生。

遇见加拿大一枝黄花，需要靠人工从根铲除才有可能真正消灭它们。

马缨丹 | 高颜值“调色盘”，霸道又有毒 |

一株马缨丹，就是一个调色盘。马缨丹一个花序上有多种颜色的小花，所以又被称为“五色梅”，当一个花序开出 20 多朵花，那真是五彩缤纷。

在适宜条件下，马缨丹全年都可开花。它如此美艳，却是世界 10 种最有害的杂草之一。2010 年，我国生态环境部把它列为第二批外来入侵植物名单。

【小名片】

马缨丹，马鞭草科马缨丹属灌木，高 1～2 米，有时藤状，长达 4 米，茎枝均呈四方形。叶片卵形至卵状长圆形，揉烂后有强烈的气味；花序梗粗壮，全年开花。原产于美洲热带地区，叶及未成熟果实具有毒性，人畜误食会中毒。

【寻访坐标】株洲市石峰公园等地

【文】彭可心 【图】田超

只要有土壤的地方，马缨丹就能生长，种子一落地，两三年能长成一大片。加上它可产生强烈的化感物质，有马缨丹之处，本土植物和农作物无生存之地。

凤眼莲 | 漂洋过海，开枝散叶 |

说凤眼莲大家可能不太熟悉，但水葫芦肯定都知道了——最早被官方定性的外来入侵物种之一。

凤眼莲蓝紫花，6 枚花瓣中最上方花瓣中央，有一点明黄色眼斑，“凤眼”便因此得名。其叶柄中空膨大，像“葫芦”一般可以漂浮水面。

因为好看，1901 年我国将原产于巴西的凤眼莲作为观赏植物引入。漂洋过海而来的“美人”完全没有水土不服，而且没有了天敌制约，它开始疯狂繁衍，而且在越脏的臭水塘中长得越好，并异常迅速地繁殖，破坏水体循环。

【小名片】
凤眼莲，雨久花科凤眼蓝属浮水草本，须根发达，叶在基部丛生，莲座状排列；叶柄内有许多多边形柱状细胞组成的气室；穗状花序通常具 9～12 朵花；花瓣紫蓝色，在蓝色的中央花斑有 1 黄色圆斑。花期 7—10 月，果期 8—11 月。
【寻访坐标】衡阳蒸水河衡阳县段水域等地
【文】彭可心 【图】吴磊

三候

水始涸

霸道又美味，
一场另类入侵。

土人参

很多年过去，我依然牢牢记得经典国产动画片《人参娃娃》里，人参精头上顶着一攒红珠子，闪闪发亮。深秋某天，在省内一片山丘野地，我竟看见了颇为相似的“红珠子”缀在一根草茎上，衬着下端肥厚的椭圆绿叶，煞是漂亮。

难道我遇到了野人参？

没有这样好运，我遇到的是土人参。名挺土，来处可“不土”，它们原产于热带美洲，是正宗的“洋植物”，由于太容易存活，生长速度快、繁殖力超强，20世纪被我国农业专家作为猪饲料引入国内。

刚引进时，土人参只在我国中部和南部栽植，但这种拥有“超凡”繁殖能力的植物怎么可能忍受“圈养”？很快，一些植株逸为野生，阴湿地、墙角、路边、山麓岩石缝，到处都是乐土，它们在广袤野地毫无阻碍地蔓延，不可避免地成为旱地杂草，危害农田、菜地、苗圃、花圃……

近年，温饱不愁的国人追求“绿色”“天然”，兴起了吃野菜风潮。人们发现土人参的叶、根口感挺好，而且据说还有解毒、补身体、润肺等作用。就这样，土人参快速变成市场上零售价达

【小名片】
土人参，马齿苋科土人参属一年生草本植物，高可达100厘米。主根圆锥形，肉质；叶片稍肉质，倒卵形或长椭圆形；圆锥花序顶生或腋生，花小，花瓣粉红色或淡紫红色；蒴果近球形，种子多数，扁圆形。6—7月为花期，9—11月为果期。分布于长江以南各地，可供观赏，根、叶均可食用，药蔬兼用。

【寻访坐标】湘西土家族苗族自治州农村地区

【文】彭雅惠　【图】吴磊

到 20 元 / 千克的高端野菜。在诸多“美食家”的追捧下，野生土人参越来越少见。

秋天，土人参结果之时，根部变得肥美，遇见它不如赶紧拔出来，既能保护农作物，又能美餐一顿，相当不错。

美洲商陆 | 诱惑之下是剧毒 |

硕果金秋，各色野果挂坠枝头。一种紫得发黑的浆果格外诱人——它们像缩小版的紫葡萄，坠得紫红色茎干也弯曲下垂，有一种“很好吃”的感觉。

千万别吃。这野果有毒，可致死！

成串青绿或紫黑小果、壮硕紫红茎干、肥大浓绿叶片，这些是美洲商陆的典型特征。

在湖南，本土商陆少有，原产于北美的美洲商陆倒随处可见。它们原本作为药用植物引入，却迅速入侵全国大部分地区，威胁本土植物生长，2016 年被我国列为外来入侵物种。

入侵“毒草”，还是铲除为妙。

【小名片】
美洲商陆，商陆科商陆属植物，原产于北美洲。根肥大，倒圆锥形；茎直立或披散，圆柱形，带紫红色；叶大，长椭圆形；总状花序直立，顶生或侧生，花白色，微带红晕；果序下垂，浆果扁球形，熟时紫黑色；种子平滑，黑色具光泽。
【寻访坐标】岳麓山等地
【文】彭雅惠 【图】吴磊

藿香蓟 | 香花臭草，扰乱清秋 |

藿香蓟（jì）秋季开花结籽，花朵淡紫或白，清新小巧，花序上还有一条条丝状物，是管状花冠的柱头，整体造型相当特别。因此，当初藿香蓟作为“高颜值选手”被引入中国。

落地生根后，人们却发现，藿香蓟花虽香，叶子却臭得很。而且藿香蓟周围几乎看不到其他野草，它们太强势会抑制本土植物生长。

藿香蓟，与我们日常用药藿香正气水，有什么关系吗？实际上，藿香是唇形科植物，藿香蓟是菊科植物，名字接近，本质却相差十万八千里。

【小名片】

藿香蓟，菊科藿香蓟属一年生草本，无明显主根，茎粗壮，全部茎枝淡红色，或上部绿色，被白色尘状短柔毛或上部被稠密开展的长绒毛。头状花序 4～18 个在茎顶排成紧密的伞房状花序，总苞钟状或半球形，淡紫色。花果期全年。

【寻访坐标】湖南省森林植物园等地

【文】彭可心 【图】吴磊

Part.17
第十七章

寒露

袅袅凉风，凄凄寒露。
冬天的脚步慢慢靠近，但自然并未就此沉寂。
松鸦游荡于山林，不寻找爱情但要寻觅食物；
白鹡鸰耐不住寂寞，拉着兄弟们一起披荆斩棘；
斑文鸟『妈妈』结束独自育雏的辛苦时光，
可以在秋光中享受自我生活。
寒露季节，木芙蓉开出满树温柔小粉红；
穗花牡荆像小宝塔一样竖立在灌木顶端，清新通透；
木槿依然美且鲜活。

双荚决明
黄花隐绿叶，
雨过仍离披。
【图】田超

松鸦

一候 鸿雁来宾

游荡于山林，寻找食物与爱情。

狡猾小贼，听声寻“宝”

一年中大部分时间，松鸦都生活在山区林野间。

它们遍布我国南北各省，一般雌雄成对生活，游荡于山林，偶尔到农村短暂活动觅食。

常说“鹦鹉学舌”，却很少有人知道，松鸦才是“口技达人”。它们会学鸡鸣、狗叫、猫叫等多种音韵不同的鸣叫声，还有研究发现，它们会模仿猛禽的叫声，吓唬白天睡觉的天敌猫头鹰。

和其他聪明机智的鸦科鸟类一样，松鸦的智商也很高。它们还有个绝技：可以分辨不同材质物品翻动的声响。

有新研究显示，松鸦会先偷听其他鸟儿藏食物时发出的声音，再循声而来，将别人辛辛苦苦囤积的、满当当的“仓库”扫荡一空。

研究者好奇：松鸦真能记住听到过的声音，并在搜寻食物的过程中加以利用?

于是，他们做了一个实验。把沙子和碎石子分别放在托盘里，并将其藏在松鸦的视线范围外。之后，研究者又让另一些松鸦把坚果藏在放有沙子或碎石子的盘子里。

15 分钟后，研究者放出饥肠辘辘的松鸦去寻找坚果。

【小名片】

松鸦，鸦科松鸦属中型鸟类。体长 28～35 厘米。翅短，尾长，羽毛蓬松呈绒毛状。头顶有羽冠，遇刺激时能够竖直起来。松鸦一年中大多数时间都在山上，很少见于平地。春末及夏天以昆虫为主食，也吃蜘蛛、鸟雏、鸟卵等。

【寻访坐标】八大公山国家级自然保护区等地

【文】彭可心 【图】张京明

研究发现，假如坚果是藏在不容易发出声响的材料——也就是沙子中时，松鸦会在盘子中随机翻找；而如果坚果是藏在容易发出声响的碎石子中，松鸦则会毫不犹豫地直扑目标，找到坚果。

的确是一只身怀绝技的狡猾小贼。

白鹡鸰 | 躁动的季节，与兄弟一起披荆斩棘 |

平日里，不论城乡，总能看到一种黑、白、灰夹杂的雀鸟，大约巴掌大小，在天上，飞得时高时低循环往复，形成一条近似正弦曲线的波浪形；在地上，不停地“小碎步”走动，长长的尾巴无时无刻不在上上下下摇晃，仿佛得了多动症，明显与其他鸟类不同。这是白鹡鸰，也就是民间所称的“张飞鸟”，在湖南也是很常见的。

白鹡鸰非常“讲忠义”，据考证，唐诗中，有 30 多首诗提到了鹡鸰，基本都与兄弟之情相关。成语“鹡鸰在原”比喻的正是兄弟友爱之情。

【小名片】
白鹡鸰，雀形目鹡鸰科鸟类，小型鸣禽。体羽分黑、白、灰三色。栖息于村落、河流、小溪、水塘等附近。经常成对活动或结小群活动，以昆虫为食。繁殖期为 3—7 月。在中国有广泛分布。

【寻访坐标】长沙市桃子湖

【文】彭雅惠 【图】张京明

斑文鸟 | 给自己安一个小小的家 |

斑文鸟喜欢将巢筑成长椭圆形或不规则圆球状，材料主要用杂草，内里再垫上较为细软的枯草。有时，还将两个巢上下重叠在一起，筑起了“复式别墅”。斑文鸟营巢由雌雄鸟共同承担，它们都很勤劳。有观鸟者统计，斑文鸟每小时衔取巢材多达 50 余次，有时刮风也不休息，衔着巢材迎风飞翔挣扎。不管巢材被刮落多次，它们都会重新拾起，衔回筑巢。

一个巢历时 18 天才能筑好。有了巢，就有了家。雌雄鸟开始孕育新生命，周而复始。

【小名片】
斑文鸟，雀形目梅花雀科文鸟属小型鸟类，体长 10～12 厘米。栖息于海拔 1500 米以下的低山、丘陵、山脚和平原地带的农田、村落、林缘疏林及河谷地区。以谷粒等农作物为食，也吃草籽和其他野生植物果实与种子。在我国主要分布于南部地区。

【寻访坐标】长沙烈士公园等地

【文】彭可心 【图】张京明

二候

雀入大水为蛤

不肯嫁东风，
殷勤霜露中。

木芙蓉

满树温柔小粉红，一日三醉

寒露季节，木芙蓉开出满树温柔小粉红。霜降以后，木芙蓉仍能继续盛开，人们称它“拒霜花”。

清晨木芙蓉刚睡醒时，花瓣颜色是雪白的，到了中午变成温柔清新的粉色，傍晚变成深红色。花色一日三变，所以又名“三醉芙蓉”。

之所以会变色，只是因为气温升高，花中含有的花青素和酸的浓度发生变化，使得花色由浅到深变化。

湖南自古盛植木芙蓉。屈原《楚辞》有云：“采薜荔兮水中，搴芙蓉兮木末”。

湖南有“芙蓉国”的别称，这名字始于唐末五代诗人谭用之。当时湘江两边遍植木芙蓉，高大挺拔，丛丛簇簇的繁花，经秋风吹拂，犹如五彩云霞在飘舞。他在《秋宿湘江遇雨》中写道：“秋风万里芙蓉国，暮雨千家薜荔村。”

《长物志》云：“芙蓉宜植池岸，临水为佳。”一般来说，木芙蓉花期为 9—11 月，每朵花花期约为 20 天，寒露时节正是盛花期。

【小名片】

木芙蓉，锦葵目锦葵科木槿属落叶灌木或小乔木，又名芙蓉花、拒霜花、木莲、地芙蓉。高 2～5 米。花于枝端叶腋间单生，小枝、叶柄、花梗和花萼均密被星状毛与直毛相混的细绵毛。原产于中国，我国大部分地区均有分布。喜温暖、湿润环境。对土壤要求不高，瘠薄土地亦可生长。由于花大而色丽，中国自古以来多在庭院栽植，可孤植、丛植于墙边、路旁、厅前等处。花、叶均可入药，有清热解毒、消肿排脓、凉血止血之效。

【寻访坐标】长沙市开福区湘江世纪城等地

【文】彭可心 【图】田超

建兰 | 秋兰英英，含章自明 |

在几大国兰中，建兰是唯一以产地命名的兰花。它的野生花朵以浅黄绿色为主，现在经过人工培植，才出现白色、粉红和红色等复色花朵的新品种。建兰的香气清甜，有点儿飘忽不定，但并非一成不变。已授粉的植株通过减弱吸引力降低传粉者的重复访问率，为未授粉者留出更多机会，不枉“君子”之名。

过去，国兰繁殖培育极难。如今，建兰生产栽培量大、适应性强，已成为公认“易养、易开花、易繁殖”的类型，通过花卉市场，真正成为家家户户都能拥有的“大众之兰”。

【小名片】
建兰，兰科植物，假鳞茎卵球形，包藏于叶基之内。自然花期为6—10月，经人工培育已实现1年内多次开花，故又名“四季兰”。国内南方多地均有生长，具有较高的园艺和草药价值。

【寻访坐标】长沙红星花卉大市场

【文】彭雅惠 【图】潘学兵

穗花牡荆 | 紫色的宝塔，丰美又招摇 |

牡荆这个名字，让人感到很陌生。实际上，中国人对这种植物非常熟悉。廉颇“负荆请罪”背负的是它，寒门女子“荆钗布裙”戴的是它，古代中国男人们称自家太太为“拙荆”也来源于它。

中国原生的牡荆都不是“浓颜系”，因此古人才会用“荆钗”来形容朴素甚至简陋。不知何时，国人发现原产于欧洲的穗花牡荆竟能茂密盛开紫色圆锥大型花序，美艳惊人，于是广泛引进。可巧穗花牡荆对环境不挑剔，酷暑严寒、干燥湿润，甚至盐碱土地都能生存，于是一经引入便快速在全国遍地开花。

【小名片】

穗花牡荆，马鞭草科牡荆属灌木，高可达2～3米。5—11月为花期。原产于欧洲，由于花期超长，花序大，适应性强，被世界各地广泛栽培。其药用历史悠久，在埃及、希腊及罗马时期，就已应用于妇产科疾病。

【寻访坐标】湖南省森林植物园等地

【文】彭雅惠 【图】田超

国庆菊

三候

菊有黄华

叠锦堆霞，与国同庆。

此花开尽更无花

顾名思义，国庆菊就是国庆期间开放的菊花。按开花的季节分，它属于秋菊，是各城市做国庆造型花卉的常客。

菊花原产于我国，早在战国时期，屈原的《离骚》中就有“朝饮木兰之坠露兮，夕餐秋菊之落英”的诗句。

到了魏晋时期，著名爱菊人士陶渊明对菊花爱得深沉，时不时就在自己的诗句里，为菊花怒刷存在感，“采菊东篱下，悠然见南山”“芳菊开林耀，青松冠岩列”等咏菊名句接连不断。

从这时候开始，菊花从路边野花进入了庭园，栽培供人欣赏。

后来，曹雪芹在《红楼梦》中说：“自从陶令评章后，千古高风说到今。”菊花成了高风亮节、不慕荣华的象征。

越来越多的咏菊名句频现。白居易曰：“耐寒唯有东篱菊，金粟初开晓更清。”元稹说：“不是花中偏爱菊，此花开尽更无花。”

菊花也是世界四大切花（菊花、月季、康乃馨、唐菖蒲）之一，产量居首。经常用菊花泡水喝，有缓解眼睛疲劳、清热解毒、控制血压等功效。

每年秋天，长沙岳麓山上都会举行菊花展，让市民饱尝秋菊盛宴。

麓山景区有近 60 年的菊花栽培传统，为长沙市菊花种质资源

【小名片】

国庆菊，菊目菊科菊属。品种繁多，色彩丰富，是我国国庆节期间布置花坛、花带的首选花卉之一。国庆菊具有株型矮壮、花朵紧密、自然成型等特点，喜欢温暖湿润的地区。在我国主要分布于四川、云南、重庆、江苏等地。

【寻访坐标】各花卉市场

【文】彭可心 【图】潘学兵

圃。菊圃现有 400 多个我国传统菊花品种，传承着湖南的菊花栽培、绑扎技艺和长沙人民每年秋季到岳麓山登高、观枫、赏菊的传统习俗。

木槿 |《诗经》中那个颜如“舜华”的同车女，到底有多美？ |

湖湘之地，深秋开花的木本植物不多，桂花是其一，木芙蓉是其一，木槿也是其一。相对前二者，木槿的名气稍弱，但说起历史渊源却一点也不逊色。《诗经·郑风》中有：“有女同车，颜如舜华。”这个“舜”就是木槿在我国最初的名字之一。从这句抒发男子内心欢呼雀跃的诗可见，在古人看来，木槿同美人，都是美的高级境界。

在韩国，木槿的名字是“无穷花”，被视为国花。诚然，从盛夏到深秋，木槿朝开暮落，日日盛放新花，仿佛每一株木槿的花都多得不会穷尽。

【小名片】
木槿，锦葵科木槿属落叶灌木，高 3～4 米。花朵色彩有纯白、淡粉红、淡紫、紫红等，花形呈钟状，有单瓣、复瓣、重瓣几种。花期为 7—10 月。作为庭园很常见的灌木花种，中国各地均有栽培。
【寻访坐标】湖南省森林植物园
【文】彭雅惠 【图】田超

万寿菊 | 用太阳的颜色，祝福你明艳的生命 |

动画片《寻梦环游记》中，主角墨西哥小音乐家米格穿梭阴阳两界，而连接两个世界的通道是用万寿菊花瓣搭建的桥。事实上，万寿菊正是原产于墨西哥，花色只有明黄和橙色，当地人认为这与太阳同色的花，能穿越生死，指引亡魂回家。

数百年前，此花传入中国，国人不知其名，只知属于菊花且花叶皆有臭气，据说最初只是随意称之为“瓣臭菊”。到了清代康熙年间，有《花镜》一书，正式记载了“万寿菊”芳名。

如今，万寿菊在中国被当作“敬老之花”，常用于赠送长者祝福健康长寿。

【小名片】
万寿菊，菊科万寿菊属一年生草本植物。中国各地均有栽培，多生在路边草甸。花期 6—10 月。因其花大、花期长，常用来点缀花坛、布置花丛、花境和培植花篱等。近年来，万寿菊鲜花又成为提取天然色素的原料之一。

【寻访坐标】长沙红星花卉大市场

【文】彭雅惠 【图】田超

Part.18
第十八章

霜降

秋风扫落叶，百草结籽实。

进入最后的秋季，昼夜温差进一步加大，天气由凉转冷，秋燥明显。

落叶树由绿转黄，渐失朝气；

冬眠的动物们也开始陆续潜藏，很快将进入不动不食的冬眠状态。

但一片清肃中，花期长的花木依然盛放，万紫千红；

各色野果陆续成熟，山野增添了酸甜滋味。

白鹇白如锦，
白雪耻容颜。
【图】张京明

一候　豺乃祭兽

叨签算卦，
算不出自己的鸟生。

灵雀算命，算不出自己的鸟生

天气渐凉，大多数鸟结束了繁殖，抛却了小窝，回归自由生活。白腰文鸟依然兢兢业业衔草筑巢，在湖南，它们的繁殖期要延续到秋天，作为植食性鸟类，秋季丰富的草籽和成熟的稻谷，足够白腰文鸟饱腹。

湖南的白腰文鸟数量挺多，但常常被人们误认作麻雀。它们比麻雀还小几分，上体栗褐色，腰腹与两胁近白色，同麻雀一样成群结队、多嘴吵嚷，半点温文尔雅的姿态也没有。

这两类外在近似的鸟，却拥有相反的性格。自古以来，麻雀是最不愿意向人类屈服的鸟之一，它们弱小却也桀骜，很难驯养；白腰文鸟则“娇软易推倒”，驯养历史极其久远，被驯养的白腰文鸟甚至会眷恋喂养它的人和住过的笼子，打开笼子也不飞走。

利用这种在鸟类中极少见的“性格”，人们通过食物或药物建立条件反射，就能让白腰文鸟学会通过暗示准确叼出帖子或签。过去走街串巷时，总能遇见一人、一鸟、一把签，往地上一摊，就是让人惊奇得不得了的“灵雀算命”。

【小名片】

白腰文鸟，雀形目文鸟科文鸟属小型鸟类，体长10～12厘米，上体红褐色或暗沙褐色、具白色羽干纹，腰白色，尾上覆羽栗褐色，下胸和腹近白色，各羽具不明显“U”形纹或鳞状斑。栖息于海拔1500米以下的低山、丘陵和山脚平原地带，主要以种子、果实、叶、芽等植物性食物为食。除繁殖期间多成对活动外，其他季节多成群，无论飞翔、停栖，都挤成一团，俗称“十姊妹”。

【寻访坐标】八大公山国家级自然保护区等地

【文】彭雅惠 【图】张京明

是的，自古至今，算命最像模像样的“灵雀”，大多是白腰文鸟。这些只堪盈盈一握的小家伙攻击力极弱、防御力极低，在残酷的大自然中命运只能听天由命，来到人间却摇身一变，从容地“预测人生”。

黄臀鹎 | 在城市中漫游，寻找美味的浆果和美好的爱情 |

黄臀鹎的“精华”集中在屁股。

它们20厘米左右的小小身体上，大部分是黑白灰色调，一点也不起眼。唯独臀部，天生有一撮鲜艳的黄色羽毛，相当醒目，还因此得了“黄屁股”的俗称。

黄臀鹎喜食各种果实与种子，哪怕香樟、女贞所结的那种既丑又不好吃的果实，它们也喜欢。

作为典型的群栖型鸟类，黄臀鹎通常成群活动、栖息。不过，一旦进入繁殖期，找到伴侣的黄臀鹎会离开群体，去过“二鸟世界”。

【小名片】
黄臀鹎，雀形目鹎科鸟类，体长17～21厘米。额至头顶黑色，无羽冠或微具短而不明的羽冠，上体土褐色或褐色，颏、喉白色，其余下体近白色，胸具灰褐色横带，尾下覆羽鲜黄色。常作季节性的垂直迁移，夏季多沿河谷上到山中部地区。
【寻访坐标】张家界国家森林公园等地
【文】彭可心 【图】张京明

黄斑苇鳽 | 有些专注，有些笨拙 |

它有一双犀利的眼睛，喜欢独自站在荷叶或芦苇上“钓鱼”，全神贯注，并将身体缩成一团。一旦锁定目标，就如“弹簧”一样迅疾伸展，脖子变得很长，猛然扎进水里，瞬间擒获猎物。

它是黄斑苇鳽，身披淡黄褐色带明显纵纹的“羽衣”，生活在芦苇丛中。

捕猎“精明”的它平时却“有点傻”。感到危险时，黄斑苇鳽会站立不动，抬头看天，脖颈伸得又细又长，和身体型成一条直线，有风吹来就轻轻晃动，自欺欺人是一根芦苇或香蒲，希望骗过敌人的眼睛。

【小名片】
黄斑苇鳽，鹈形目鹭科苇鳽属中型涉禽。雄鸟头、枕部和冠羽铅黑色，微杂以灰白色纵纹，头侧、后颈和颈侧棕黄白色；雌鸟似雄鸟，但头顶为栗褐色，具黑色纵纹。常栖息在有大片芦苇和蒲草的水域。以小鱼、虾、蛙、水生昆虫等为主食。

【寻访坐标】东洞庭湖湿地等地

【文】彭可心 【图】张京明

二候

草木黄落

绿色中燃起的熊熊火焰，
带来温暖和喜气。

节日必备的喜庆中国红

秋雨蒙蒙，整个天地都变得阴霾。

满目萧索时，怒放的一串红尤其动人心魄，成千上万的它们聚在一起，仿佛绿色中燃起熊熊焰火，让人心生出温暖和喜气。

在中国各种重要节庆场合，只要摆设绿植，几乎都能见到一串红的身影，真可谓哪里有喜事，哪里便有一串红。

传统的一串红，花冠、花萼、苞片、花梗，皆为纯正朱红色，卵圆形绿叶毫不起眼，衬托得可达 20 厘米以上的总状花序更为耀眼，一朵朵铃铛状的花轮生在花序上，像结出一串喜庆的红炮仗。

相信很多人幼时便熟识一串红。在放学路上，小伙伴们比赛拔掉一串红的花冠吸蜜露，嘬一口，量虽少却够清甜，关键是有趣极了、满足极了。

如此符合中国人喜好的一串红，却不是我国土生土长的植物，它们原产于巴西海拔 2000～3000 米的山区，被引入中国后展现出超强的适应性，在华夏大地生根，春夏秋冬常开，即便花冠枯萎凋谢，宿存的红色花萼也能撑很长一段时间，造成四季不败的

【小名片】
一串红，唇形科鼠尾草属植物，原产于巴西。茎钝四菱形，叶卵圆形，上面深绿，下面较浅色；轮伞状花序组成顶生总状花序，花序可长达 20 厘米以上，苞片卵圆形，花序轴被微柔毛，花萼钟形，花冠多为朱红色，二唇形，上唇略内弯，下唇较短分为 3 裂；果实为小坚果，椭圆形，内含黑色种子，易脱落，能自播繁殖。目前已成为中国城市和园林中最普遍栽培的草本花卉。

【寻访坐标】湖南省森林植物园等地

【文】彭雅惠 【图】田超

表象。

2018 年，我国科学家成功绘制出一串红基因组图谱，从此开启用基因调控花期、花色的高科技进程。现在，中国的一串红已不局限于中国红，它们可以是绛紫、纯白、粉红、米黄、亮橙……根据不同场合需要，展现惊人的可塑性。

秋海棠 | 秋日静好，秋海棠依旧 |

秋色渐浓。秋海棠依旧开着，带着一丝寂寥的温柔。

秋海棠和海棠，名字只是一字之差，但却是两种完全不同的植物。

海棠是蔷薇科苹果属和木瓜属多种植物的通称，属木本植物，

【小名片】
秋海棠，秋海棠科秋海棠属常绿草本。茎直立，稍肉质。单叶互生，有光泽，卵圆至广卵圆形；聚伞花序腋生，具数花，花红色、淡红色或白色，花朵四季成簇开放。是园林绿化中花坛、吊盆、栽植槽和室内布置的理想材料。
【寻访坐标】株洲市炎陵县水口镇双山村等地
【文】彭可心 【图】田超

株型高大。秋海棠是秋海棠科秋海棠属几种植物的通称，属草本植物，个子娇小，最高不超过 60 厘米。

秋海棠生命力顽强，节气和温度的变换似乎影响不了它的花期，四季开着繁盛花朵，艳丽娇美。信手掐下一枝，插入盆中，只要土壤湿润，数日便可成活，发出新芽。

韭莲 | 沐风栉雨，更见生命之美 |

夜来风雨声，花落知多少。几场秋雨，秋花寥落，路边一种常见的草花反倒开得更旺盛，不枉“风雨兰”的称号。

它们一株只在花茎顶端开一朵花，玫瑰红或少女粉的椭圆花瓣均匀地分开 6 瓣，金黄花药聚集在花瓣中央，盛花时红艳艳开成一片，相当美艳。

“风雨兰”是一个庞大的家族，但都不是兰花，人们通常根据其叶子的宽窄程度分为两大类，一类叶子细窄、形类似小香葱，正式名称为葱莲；另一类叶子宽扁、形似韭菜，正式名称为韭莲。

【小名片】
韭莲，石蒜科葱莲属多年生草本植物，丛生。植株具地下鳞茎，叶线形，外观似韭菜，花较大，喇叭状，形似水仙，单生于花茎顶端，玫瑰红色或粉红色；花药丁字形着生；蒴果近球形，种子黑色。春夏秋均为花期。
【寻访坐标】湖南省森林植物园等地
【文】彭雅惠 【图】田超

蛰虫咸俯

三候

层层叠叠，丝丝缕缕，
细密心事。

红千层

一千层红，是怎样的红？

如果霜降时没有迅速降温，红千层就会坚持盛开，像一把把毛毛的红刷子挂在枝头。

是的，红千层是一种长相奇特的花，乍看来，和刷婴儿奶瓶的专用刷简直一模一样，只不过奶瓶刷大多制成白色，而红千层不是鲜红就是粉红，不论色彩还是形状都可称得上妖艳夺目。民间多称此花为“刷子花”，直白又贴切，唯一遗憾的是美感全无。

只要不与奶瓶刷联系起来，红千层这种花还是美的。细细碎碎、丝丝缕缕、层层叠叠，红透千层，多么美艳而有个性。但确切来说，美艳的不是“一朵花”，而是“很多花”，美艳的也不是“花瓣”，而是“花蕊”。

人们一眼看见的美丽“红刷子”，实际上由许多花的雄蕊和雌蕊组成。在红千层的一枝花序上，轴生着成百上千细小的花，整齐划一地生长出长长的雌蕊，顶端带黄绿色花药，还有多而密的雄蕊，如丛丛红丝线绕在一起；生物学上的花瓣，居然是绿色的，退化成卵形藏在花蕊底部，非常细小，必须凑到近前细看，才能

【小名片】
红千层，桃金娘科红千层属小乔木。树皮坚硬；叶片可供提芳香油，坚革质，先端尖锐，叶柄极短，与罗汉松相似，四季常绿，被白色柔毛；穗状花序生于枝顶，花瓣绿色，雄蕊红色，花柱比雄蕊稍长；蒴果半球形，种子条状。花期为夏季至秋季。原产于澳大利亚，属南亚热带树种，能耐热耐寒耐瘠薄地，开花时火树红花，具有很高的观赏价值。中国引种有百余年历史，南方地区多有栽培。
【寻访坐标】湖南省森林植物园等地
【文】彭雅惠 【图】田超

在一枝花序上发现有序排列着许多绿色“小底盘”。

红千层的花艳而不香，倒是叶片芳香宜人，其中所含芳香油是世界上珍贵的化妆品香料之一，在洗涤剂、日用品、医药等方面也广泛使用。

鸭跖草 | 月草作颜色，为君染彩衣 |

湖南的农村，常见一种小小的宝蓝色野花。它匍匐在碧绿的叶子上，宝蓝色的花瓣，几近透明的萼片，长长的花丝弯卷地伸出，上面顶着明黄色的花药，嫩嫩的像刚长出的豆芽菜一般。

如此仙气袅袅的小花，却有个朴实的名字——鸭跖草。解释名字的话，可以理解为“鸭子踩过的地方会长出这种草来”。

古人喜欢鸭跖草，给它取了一个诗意的名字“碧蝉花”，取其花形如“蝉翼”，花色“深碧”之意。日本则称鸭跖草为“露草”或者“月草”，用作染料。

【小名片】

鸭跖草，鸭跖草科鸭跖草属一年生草本。叶形为披针形至卵状披针形，叶序为互生，茎为匍匐茎，花朵为聚花序，顶生或腋生，雌雄同株，花瓣上面两瓣为蓝色，下面一瓣为白色，花苞呈佛焰苞状，绿色，雄蕊有6枚。常见生于湿地。

【寻访坐标】吉首市齐心金雕自然保护区等地

【文】彭可心 【图】田超

蛇莓 | 湿润的绿色中，一颗艳丽的蛇莓 |

深秋时节，一片浓绿铺于地面，红色野果点缀在绿叶之中。这野果红艳欲滴，长得像小个子的草莓，让人忍不住咽口水。

这些美丽红果能吃吗?

民间叫这种野果为蛇莓。流传的说法：蛇莓生长的地方都会有毒蛇盘踞或者爬过，而那些红艳艳的果实，都会被路过的蛇舔食，因此，蛇莓是剧毒的。

其实，蛇莓本身只有轻微毒性，而它与蛇也没有多大关系。只是因为蛇莓格外喜欢阴凉、潮湿的地方，这些地方恰好容易“蛇出没”，因此人们才将它与蛇联系起来。

【小名片】

蛇莓，蔷薇科蛇莓属多年生草本。全株有柔毛，匍匐茎长；小叶片倒卵形至菱状长圆形，花单生于叶腋，瘦果卵形。花期6—8月，果期8—11月。全草供药用，有清热解毒、活血散瘀、收敛止血作用，又能治毒蛇咬伤，敷治疔疮等。

【寻访坐标】八大公山国家级自然保护区等地

【文】彭可心 【图】田超

Part.19

第十九章

立冬

冬季开篇，万物收藏。

冷空气活动逐渐频繁，气温下降趋势加快，
动物们积蓄能量，减少活动量或者进入冬眠。

除了温暖的火炉、取暖器，烤红薯、烤栗子……
一切冒出热气的美食不约而同布满南北大小城市，
慰藉寒冬里人们的心和肚肠。

仍然活跃的动物们努力『贴膘』，冬候鸟陆续回归，
树叶渐染金黄、深红，一个五彩的世界正在呈现。

芦竹
挺节冰霜后，
论交岁月长。

一候 水始冰

球形小鸟，终日饱食，不负韶光。

你为什么胖成球？

初入冬季，也还是“贴秋膘”的时候。不只你我，连鸟雀们的身形都纷纷圆润，即将长成一个个饱满的“鸟球”。

棕头鸦雀得是最先一批成“鸟球”的，因为它特别小，从头至尾不超过 13 厘米，其中尾羽占去一半左右，稍微发福，圆圆的小脑袋与圆滚滚的身体就连成一个大圆。棕头鸦雀羽色单调，全身大致为棕褐色，头部和两翼是相对鲜艳的棕红色，这样的配色更显得头特别圆、翅膀特别短小。

但话说回来，棕头鸦雀们真的单靠吃而胖成球？实际上，进入秋冬，大多鸟类都会长出更厚实的绒羽，这些如棉絮般蓬松柔软的羽毛可以锁住空气、保持温度，娇小的棕头鸦雀被“羽绒服”一裹，立即能胀大一圈。

除了绒羽，鸟儿们还有覆盖在上层的正羽，这些羽毛受提羽肌和降羽肌控制。降羽肌收缩时，羽毛会贴在鸟身而显得鸟瘦；天寒时提羽肌则会收缩，这时羽毛被提起的鸟雀“炸毛”了，尤其显胖。“增肥”前后对比，不得不说棕头鸦雀变成球以后更貌美。

这些可爱的“鸟球”在湖南极为常见。棕头鸦雀主要在灌丛

【小名片】

棕头鸦雀，雀形目莺鹛科鸣禽，全长约 12 厘米。头顶至上背褐色，翅红棕色，尾暗褐色，下体淡黄褐色。为较常见的留鸟。常栖息于疏林草坡、竹丛、矮树丛和高草丛中，冬季多下到山脚和平原地带的地边灌丛、果园、庭院、苗圃和芦苇沼泽中活动，甚至出现于城镇公园，一般不进入茂密的大森林内。

【寻访坐标】湖南省烈士公园等地

【文】彭雅惠 【图】张京明

及附近的地面活动，以便取食小型节肢动物和植物种子等，因此巢也建在灌丛里，有时还会非常贴近地面。

大杜鹃 | 割麦插禾，“布谷－布谷” |

鸠占鹊巢，其中的“鸠”通常指大杜鹃。因为它们在春夏割麦插禾时，会发出有规律性的“布谷－布谷”的嘹亮叫声，因而又被称为布谷鸟。

大多数鸟类自己营巢照顾后代，但大杜鹃不是，它们将卵产在其他鸟类的巢里，让其他的鸟帮助自己孵化和育雏。

即将生产的雌性大杜鹃会站在高大树木之上，紧紧盯住目标巢，当巢内鸟产卵后，大杜鹃趁其外出，飞快冲向目标巢，将巢内鸟产下的 1 枚卵扔出，自己快速产下卵顶替，然后逃走，“狸猫换太子”神不知鬼不觉。

【小名片】
大杜鹃，鹃形目杜鹃科杜鹃属鸟类，体长约 32 厘米。栖息于开阔林地，特别在近水的地方，隐伏在树叶间，常晨间鸣叫，飞行急速。取食鳞翅目幼虫、甲虫、蜘蛛、螺类等，食量大，对消除害虫起相当大的作用。在我国为夏候鸟。
【寻访坐标】岳麓山等地
【文】彭可心 【图】张京明

红胁蓝尾鸲 | 低调蛰伏，静待强大 |

深秋，旅居北方大半年的红胁蓝尾鸲终于陆续返回南方。

巴掌大的身形、精致的黑嘴、红褐色细爪，都不怎么特别，唯有周身羽色颇引人瞩目——雄性红胁蓝尾鸲从头至尾呈现罕见的钴蓝色，两胁橙红明艳，橙蓝对比强烈，相当迷人。雌性红胁蓝尾鸲“颜值”相对低得多，上体棕褐，下体灰白，尾羽略蓝。

可是，钴蓝色的红胁蓝尾鸲十分少见，倒是灰不溜秋的雌鸟常见。莫非阴盛阳衰?

其实是其雄鸟亚成体存在羽毛延迟成熟现象。年轻的雄鸟常常保留暗淡的颜色，看起来和雌性几乎一样。

【小名片】

红胁蓝尾鸲，雀形目鹟科鸲属小型鸟类，体长13～15厘米。雄鸟上体蓝色，眉纹白；亚成鸟及雌鸟棕褐色，尾蓝。5月进入繁殖期，以雌鸟为主营巢、孵化，雌雄亲鸟共同育雏。繁殖期以昆虫为食，迁徙期间除昆虫外还吃植物果实与种子等。

【寻访坐标】长沙烈士公园等地

【文】彭雅惠 【图】张京明

二候
地始冰
被时间遗忘，
初冬着上霓裳。
银杏

一抹金色，惊艳了时光

立冬节气的湖南，才是“秋色”上树梢之时。

银杏终于黄了。在“长沙蓝”的衬托下，树上流金溢彩。

银杏并不罕见，但很多人不知道，它是世界上现存最古老的树种之一，又被称为“活化石”。它生长较慢，寿命长，还有个外号叫“公孙树”。意思是，公公种树，孙子得果。

世界各地发现的化石表明，银杏类曾在恐龙时代盛极一时。那时，不同属、不同种的银杏“兄弟”类目繁多、遍布南北半球，俨然一个庞大的银杏家族。但在上一次大冰期时，因为气候突变，导致许多地方的银杏树消失，只有我国南方，为野生银杏提供了生存场所，浙江天目山地区、贵州务川、重庆金佛山地区和广东南雄、广西兴安，被认为是野生银杏从远古流传至今的见证。

著名植物学家彼得·克兰曾在《银杏：被时间遗忘的树种》一书中深情地描述银杏“是中国送给世界的珍贵礼物”。

这份珍贵的礼物，每年深秋、初冬都会满身金黄地来到你我身边。仅在湖南，就有数个不可错过的赏银杏之地。

【小名片】

银杏，银杏科银杏属乔木。幼年及壮年树冠圆锥形，老则广卵形。叶扇形，有长柄，淡绿色。种子具长梗，下垂，常为椭圆形。银杏为中生代孑遗的稀有树种，系中国特产，生于海拔200～1000米地区，气候适应性广，湖南丘陵山区几乎没有银杏，只分布在村舍、寺庙周围。其种子的肉质外种皮含白果酸、白果醇及白果酚，有毒。树皮含单宁。银杏树形优美，春夏季叶色嫩绿，秋季变成黄色，颇为美观，可作庭园树及行道树。

【寻访坐标】永州市桐子坳风景区等地

【文】彭可心 【图】田超

比如“中国银杏第一村”桐子坳，比如衡南宝盖镇银杏种植基地，比如南岳福严寺外听了1440多年禅经的古银杏……

你要循着这带着暖意的气息，感受漫天金黄的诗意吗？

枫香 | 小枫一夜偷天酒，却倩孤松掩醉容 |

中国四大观枫胜地，长沙岳麓山占一席。初冬冷热夹杂、晴雨交替中，岳麓山枫香渐染风霜，树顶红叶与下层黄、绿叶交相辉映，五彩斑斓。

湖南是枫香主产地之一。传说枫木由苗族始祖神蚩尤化身而来，而蚩尤故里正在湘西南。

很多人将秋冬季的红叶树统称为“枫”，这并不科学。“正品”枫香果实为聚合头状蒴果，也就是我们所说的“枫球”，这是其最大特征之一。

枫香具体是哪一天变红的？杨万里回答说：“小枫一夜偷天酒”。枫香偷没偷天酒，我等凡人就不可得知了。

【小名片】
枫香，金缕梅科枫香树属落叶乔木，高可达30米。树皮灰褐；小枝干后灰色，被柔毛，略有皮孔；叶薄革质，阔卵形，掌状浅裂；雄性短穗状花序常多个排成总状；头状果序圆球形，直径3～4厘米；蒴果内种子多数，褐色。

【寻访坐标】岳麓山爱晚亭等地

【文】彭雅惠 【图】喻勋林

鸡爪槭 | 秋风如歌，秋叶如花 |

红叶季到了。“红叶”战队主要有 4 位成员：鸡爪槭、红枫、枫香和黄栌。在湖南，鸡爪槭、枫香最为常见，由于两者外形、颜色十分相似，人们常常混淆。

当然，鸡爪槭与枫香不同。前者枝干外皮为绿色，叶片裂长约为全叶一半，果实为翅果，每一颗细小蒴果上都长着一对“翅膀”，随时准备乘风而飞。枫香枝干外皮为红褐色，叶片裂片深达基部，果实为聚合头状蒴果。

鸡爪槭叶红素浓、落叶慢，能红一两个月之久，被称为红叶季的“压轴红”。

【小名片】

鸡爪槭，槭树科槭属落叶小乔木。树冠伞形，树皮平滑，深灰色，小枝紫或淡紫绿色，老枝淡灰紫色；叶掌状，常 7 深裂，密生尖锯齿；后叶开花，花紫色，杂性，雄花与两性花同株；伞房花序。花果期 5 月至 9 月。

【寻访坐标】湖南省森林植物园等地

【文】彭可心 【图】田超

三候

雉入大水为蜃

日暮伯劳飞，风吹乌桕树。

乌桕

原来你有这么美

行走山野，最能体味秋冬的绚丽，过往的深碧浅绿已经过渡成更浓烈的红棕黄绿。

在一片个性十足的树林里，它美得非常特别——

枝干曲折而上，有艺术品的细瘦和精致；叶片是与众不同的菱形，叶尖微微延长成一条小尾巴。深红、明黄、暗绿、灰褐，不同的颜色融合在同一棵树上，让人们清楚看到冷雨寒风催着叶绿素下班、唤醒类胡萝卜素与花青素上岗的过程。

亲见之前，我在心里已对它有过无数次幻想。每当读到“日暮伯劳飞，风吹乌桕树”“红叶秋山乌桕树，回风折却小蛮腰”“此间好景无人识，乌桕经霜满树红”……都不免纵情想象，乌桕到底有多美?

如今得见，唯有一叹：古人诚不欺我。

郁达夫在《江南的冬景》里写乌桕是四季皆美，以秋冬最佳：“红叶落后，还有雪白的桕子着在枝头，一点一丛，用照相机照将出来，可以乱梅花之真。”

现在这时节，白色的桕子星星点点挂在缤纷叶片之中。如彩叶映雪，非常具有美感。

【小名片】
乌桕，大戟科乌桕属落叶乔木，秋冬季叶色红艳夺目，为中国特有经济树种，已有1400多年的栽培历史。树皮暗灰色，有纵裂纹；枝广展，叶片菱形，顶端骤然紧缩具尖头；花单性，雌雄同株，聚集成顶生6～12厘米的总状花序，雌花通常生于花序轴最下部，雄花生于花序轴上部或整个花序全为雄花。

【寻访坐标】湖南省森林植物园等地

【文】彭雅惠 【图】田超

这些可乱真白梅的桕子，其实是乌桕种子包裹着一层蜡质外套，用火稍稍烘烤就会熔化。古时，国人用这种蜡质外套制作蜡烛，用去除蜡质的种子榨油燃灯。需切记的是，乌桕种子榨出的油有毒，人类不可食用，但鸟类吃了可在消化油脂假种皮后将种子完整排出体外，不会中毒。

二球悬铃木 | 青翠过，灿烂过 |

法国梧桐开始变色，很快就会飘落。

很多人以为法国梧桐就是梧桐树，其实它们与“梧桐更兼细雨”完全不相干。这种原产于欧洲的树学名为“二球悬铃木”，树叶凋零后枝头上挂着球状的果实，远远望去宛若悬挂的铃铛。

【小名片】
二球悬铃木，悬铃木属落叶大乔木，生长迅速，高可达30米，有“行道树之王”的称誉。其树冠阔钟形，干皮灰褐色至灰白色；叶掌状5~7裂，深裂达中部；花序头状，黄绿色；多数坚果聚全叶球形，一般2个果球成一串。
【寻访坐标】长沙市岳麓区梅溪湖路等地
【文】彭可心 【图】辣椒

20 世纪一二十年代，法国人将这种树种植于上海法租界内的霞飞路上，故称之为“法国梧桐”。近年，法国梧桐已经成为湖南最常见的行道树之一。

但对于易过敏体质的人来说，法国梧桐是可怕的致敏原，要特别小心。

无患子 | 无患，是一生最大的幸福，也是最大的奢求 |

冬日晴天，高大的无患子优雅伫立，金叶累累组成灿烂冠盖，饱满的黄果挂坠枝头。站立树下仰望，时常有金叶随风纷飞。

《山海经》称它为“桓”。晋人记载，古时神巫驱鬼辟邪，用“桓”制成木棒将鬼打死。传说这是“无患”一名的由来，寓意幸福无忧、无灾无难。因为这一传说，李时珍在《本草纲目》里将无患子称为“鬼见愁”。

“鬼见愁”的果皮富含无患子皂苷，是古代主要的清洁剂之一。据说，用无患子制成洗发液洗头，可以减少头皮屑、预防脱发。

【小名片】
无患子，无患子科无患子属落叶乔木。枝开展，叶互生；圆锥花序，顶生及侧生；花杂性，花冠淡绿色；花盘杯状，两性花雄蕊小。核果球形，熟时黄色或棕黄色。花期5月至6月，果期10月至11月。
【寻访坐标】常德市石门县维新镇毛家坪村等地
【文】彭雅惠 【图】湖南省林业局

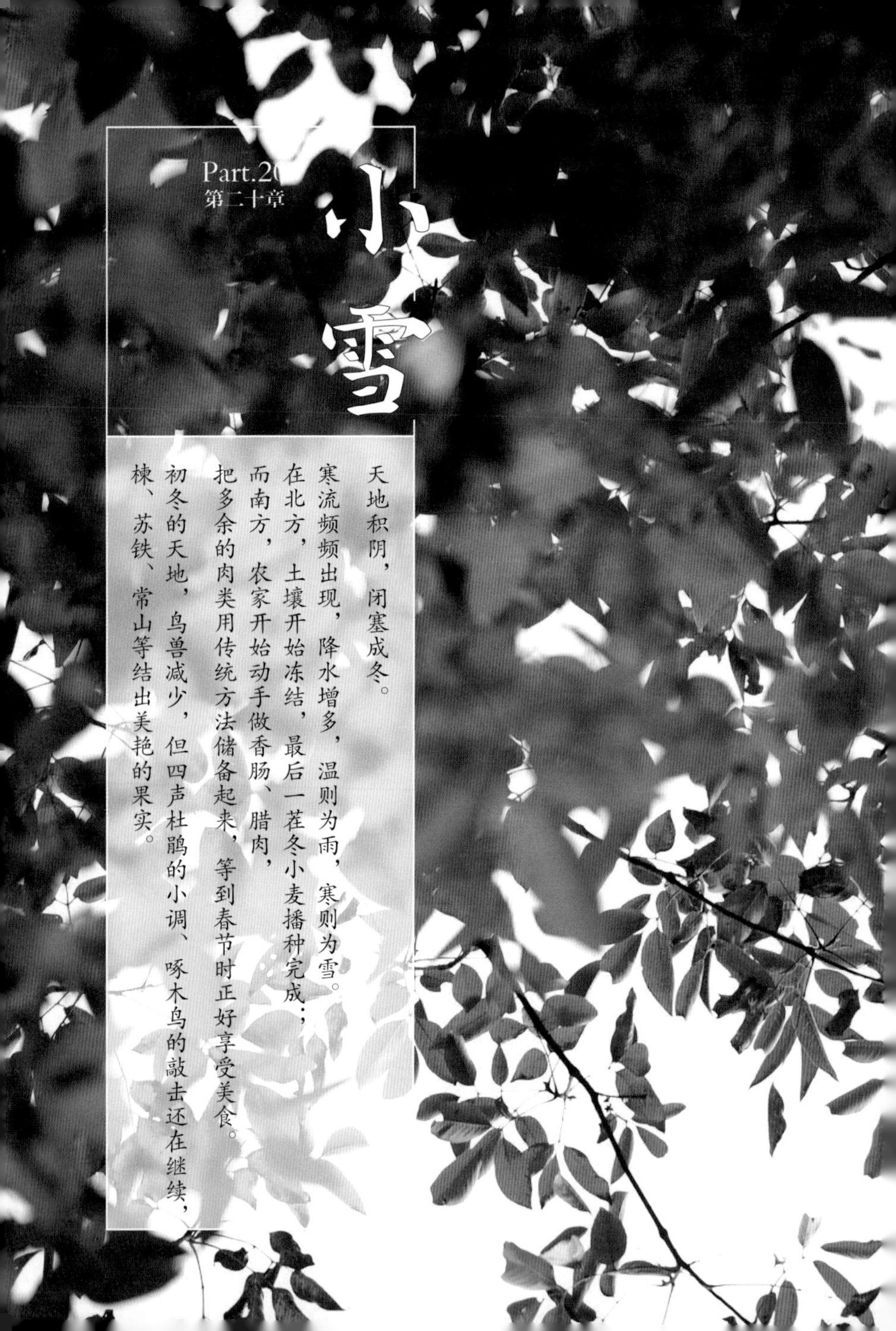

Part.20

第二十章

小雪

天地积阴，闭塞成冬。

寒流频频出现，降水增多，温则为雨，寒则为雪。在北方，土壤开始冻结，最后一茬冬小麦播种完成；而南方，农家开始动手做香肠、腊肉，把多余的肉类用传统方法储备起来，等到春节时正好享受美食。

初冬的天地，鸟兽减少，但四声杜鹃的小调、啄木鸟的敲击还在继续，楝、苏铁、常山等结出美艳的果实。

臭辣吴萸

臭辣名声，
娇艳姿态。

【图】田超

一候 虹藏不见

取一个好听的四字名吧，
以我的声音命名。

四声杜鹃

四声杜鹃叫唤的到底是啥？

一处不知名的乡野，一只杜鹃站在树枝上冲我挤眉弄眼，好像在问："你认识我吗？"

杜鹃分大杜鹃、中杜鹃、小杜鹃，四声杜鹃、八声杜鹃等好多种，长得都差不多。身体黑灰色，尾巴有白色斑点，腹部有黑色横纹，在野外仅靠肉眼识别有时还真难以分清。

这时它得意地叫了起来："快快布谷。"嘿嘿，露馅了！原来它是四声杜鹃。

大杜鹃（二声杜鹃），两声一度的叫声很像"布谷"，又被称为布谷鸟。中杜鹃"咕咕"的鸣声却有种催眠的感觉，听得惹人瞌睡。小杜鹃的叫声是六个音节，听起来仿佛是在说"有钱打酒喝喝"。大鹰鹃（三声杜鹃）叫声似"米贵阳"，所以有些地方也叫它米贵阳。八声杜鹃发出的是八声一度的连续叫声，有些像吹口哨，婉转悠长。

而四声杜鹃叫声的特点是四声一度。不同身份不同地域的人们对它的叫声都有一番独到的翻译。思归的古人惆怅地认为，它叫的是"不如归去"，勤劳的老一辈又说是"割麦割谷"，单身汉

【小名片】

杜鹃，鹃形目杜鹃科杜鹃属中型鸟类，体长 31～34 厘米。头顶至上胸部灰色，上体余部和翼表面深褐色，下体自胸以后白色，杂以黑色横斑。繁殖期 5—7 月，自己不营巢，通常将卵产于大苇莺、灰喜鹊等鸟巢中。四声杜鹃在湖南是夏候鸟，4—5 月迁到繁殖地，8—9 月开始离开繁殖地往越冬地迁徙。

【寻访坐标】湘阴县白泥湖乡等地

【文 / 图】张京明

却说是“光棍好苦”。

“朋友圈”的答案更是五花八门——湘潭人叫它“好吃大哥”；邵阳人说它的叫声像“呷麦粑粑”；湖北人听出的是“百花百朵”；陕西人听到的是“豌豆八果”……

不如去听听四声杜鹃的叫声，看你听到的是什么？

三宝鸟 | 今天，你的心事是哪一种蓝？|

很久以前，一位日本僧人夜里听到鸟鸣，发音类似于日语发音中的“佛、法、僧”三字。白天僧人在树林里发现了一种鸟，身体和翅膀呈蓝绿色，喉部和初级飞羽为宝蓝色，翅膀外侧则具浅蓝翅斑，当它迎光飞翔，不同层次的蓝展现得淋漓尽致。

僧人认为夜里听到的就是这种鸟鸣叫，因佛经称佛、法、僧为三宝，就命名它为三宝鸟。

不过，这充满禅意的称呼却是一场“大乌龙”。后来，人们发现三宝鸟夜里要休息不会鸣叫，而且白天它也根本不这么叫。

【小名片】
三宝鸟，佛法僧目佛法僧科三宝鸟属中小型攀禽，体长 26～29 厘米，嘴、脚红色，头黑褐色，身体大部分蓝绿，初级飞羽基部具淡蓝色斑，“嘎嘎”鸣叫。主食为甲虫、蝗虫、天牛等。飞翔时捕食，速度较快。

【寻访坐标】永州市宁远县九疑山国家森林公园等地

【文】彭可心 【图】张京明

蚁䴕 | 一生总是小心翼翼隐藏气息 |

蚁䴕每日在地面或树干细细搜寻，发现蚁穴就伸出长得不可思议的粉红色舌头，将巢穴里的蚂蚁一扫光。

不少人把蚁䴕认作“长得比较大”的麻雀——羽毛黑褐，枕背部有黑色菱形斑块，体色花纹有点儿像麻雀。但蚁䴕与麻雀在生物学上相隔十万八千里，它们是啄木鸟的一种，尽管根本不啄木。

蚁䴕独来独往，个体战斗力很弱，遇到威胁时，它们先施展隐身伪装，没有效果就 180 度快速扭动脖子，模仿蛇类扭动，假装自己是攻击力超强的蛇，以吓退威胁者。大多数时候，蚁䴕就干脆站着不动，眼睛一闭装死。

【小名片】
蚁䴕，啄木鸟目啄木鸟科蚁䴕属鸟类，体小，体羽斑驳杂乱，嘴相对较短，呈圆锥形，脚为对趾型，两趾向前，两趾向后。栖于树枝，不錾啄树干取食，常在地面觅食，因而被称为“地啄木”。嗜食蚁类，舌长，能伸入树洞或蚁巢中取蚁。

【寻访坐标】长沙烈士公园等地

【文】彭雅惠 【图】张京明

二候
天腾地降
把风霜写在马褂上。
鹅掌楸

中国的郁金香，天生的“黄马褂”

鹅掌楸的美，大半是叶子带来的。

相比“鹅掌”，它的叶片形状更像“小马褂”。叶片的顶部平截，犹如马褂的下摆；叶片的两侧平滑或略微弯曲，好像马褂的两腰；叶片的两侧端向外突出，仿佛是马褂伸出的两只袖子，所以又被人称作“马褂木”。

小雪时节，天气越来越凉，鹅掌楸的叶色正变为金黄，仿佛一件件晾挂在树枝上的黄马褂。抬头一看，只会惊呼:“呀，树上好多小衣服啊！”

许多人只道叶子好看，却不知道鹅掌楸开的花也是极美的。

每年四五月时，鹅掌楸树高处，会开出淡绿色的、形似郁金香的花朵。见到这花的西方人觉得这是“中国的郁金香树”，也难怪英文名称叫“Chinese Tulip Tree”。

鹅掌楸比人类的历史还要久远，它是古老的孑遗植物。在新生代第三纪，它的身影遍布北半球的温带地区。在日本、意大利和法国的白垩纪地层中，人们都曾发现鹅掌楸的化石。

第四纪冰期到来后，鹅掌楸属植物大部分灭绝，只有中国鹅

【小名片】
鹅掌楸，木兰科鹅掌楸属乔木，高可达40米，胸径1米以上，树冠伞形，叶形奇特，为世界珍贵观赏树种。树干挺直，小枝灰色或灰褐色；叶马褂状，近基部每边具1侧裂片，先端具2浅裂；花杯状，萼片状，绿色，具黄色纵条纹。花期5月，果期9—10月。分布于海拔600～1500米的山地。

【寻访坐标】湖南省森林植物园等地

【文】彭可心 【图】田超

掌楸和北美鹅掌楸存活了下来，隔着太平洋遥遥相望，相会无期。

两种鹅掌楸的存在，表明亚洲大陆和美洲大陆，曾通过白令海峡相连，在地质历史上有重要意义。

因为古老而稀少，鹅掌楸成为世界上最珍贵的树种之一，也被我国列为二级珍稀濒危保护树种。

黄栌 | 山溪白石出，天寒红叶稀 |

秦岭以北，黄栌可以从 10 月初到 11 月底持续地侵染山林，红成无际霞光。但在湖南，黄栌表现相对较差，总是红得不那么热烈、饱满，不那么义无反顾，于是泯然众叶，不能叫人惊艳。初冬去湘西北的野地山林，就能看到这好似“夹生”的黄栌红叶。

明明是红叶，为什么叫黄栌？

“黄”一点也没错。在古代，黄栌用于染制明黄色，专用于帝王，前两年日本德仁天皇即位时穿着的礼服正是黄栌染御袍。这种染制工艺和染料都是唐朝时日本遣唐使带回去的。

【小名片】

黄栌，漆树科黄栌属落叶小乔木或灌木，树冠圆形，高可达 3～8 米，是中国重要的观赏红叶树种。叶片卵圆形，秋季变红；圆锥花序疏松、顶生，花小，仅少数发育，不育花花梗花后伸长，被羽状长柔毛；种子肾形。花期 5 月至 6 月，果期 7 月至 8 月。

【寻访坐标】常德市石门县罗坪乡等地

【文】彭雅惠 【图】喻勋林

楤木 | 几分明艳，几分残败 |

小雪既来，落叶树离当“光杆司令”就更近了。

山林深处，楤木瘦骨伶仃地伫立在稀薄的阳光里，浑身的刺有一两根钩住前来探看的人的衣摆。

楤木是灌木，个头普遍不高，平均在 2～5 米，初冬时残叶红透，有几分明艳，带几分残败。令人望而生畏的是，楤木整个树身长满硬利尖刺，不小心伸手拂过，皮肤立即留下划痕、渗出血珠。这密密麻麻的刺令所有鸟类都找不到落脚之处，不敢停歇。因此，楤木在民间的别名就叫“鹊不踏”和“鸟不宿”。

【小名片】
楤木，五加科楤木属灌木。树皮灰色，疏生粗壮直刺；叶为二回或三回羽状复叶，长 60～110 厘米，叶柄粗壮，长可达 50 厘米，小叶片为卵形；圆锥花序，花白色，芳香；果实球形，黑色。花期 7—9 月，果期 9—12 月。

【寻访坐标】湖南省森林植物园等地

【文】彭雅惠 【图】田超

三候
闭塞成冬
开花甜蜜，收获苦涩。
楝

一场“苦恋”，一言不合就中毒的那种

出门上班，途中遇见一棵怪树立在路旁：叶子落光，干枯枝桠乱糟糟地刺向四方，但它并不“秃”，枝下密密坠着一簇簇小黄果，很像酸枣。

但这不是酸枣，是经冬不落的楝果，在《中国有毒植物》这部权威工具书中占有重要一席。书上写着：

楝，全株有毒，果实毒性较大，成熟果比未成熟果毒性大，其次是根皮、茎皮。人食果 6～9 个，根皮 400 克，即可中毒以致死亡。

毒性如此强烈，以至于猪、牛、羊、兔子、鸟类等动物误食后中毒的案例很多。但一般来说，人类不会把楝果当可口野果误食，因为楝果苦如黄连，并且咬破成熟楝果的果皮，立即就会闻到怪异的臭味。不论滋味还是气味，都不是普通人会喜欢的类型。

在农村地区，有人用楝果、楝树皮和树叶制作农药和杀虫剂，算是妥善利用其毒性的正面案例。

正因果苦，楝在民间被称为苦楝，人们又脑补出谐音“苦恋”。在国内许多地方至今流传情侣不能在苦楝下约会的说法，害怕没

【小名片】

楝，楝科楝属落叶乔木，高可达 30 米。树皮灰褐色，分枝广展，叶为 2～3 回奇数羽状复叶，叶片卵形、椭圆形至披针形；圆锥花序约与叶等长，花小，花瓣淡紫色，倒卵状匙形，芳香；核果球形至椭圆形，内果皮木质，种子椭圆形。4—5 月开花，10—12 月果熟。喜温暖湿润气候，耐寒、耐碱、耐瘠薄，适应性较强，目前，在我国黄河以南地区广泛分布，并有栽培，只宜栽培在宅旁、路旁等土壤疏松、肥沃之地，不能成片上山造林。

【寻访坐标】长沙市开福区山鹰潭度假村等地

【文】彭雅惠　【图】张京明

有美满结局。

但春天的楝树非常美好，嫩绿新叶萌出不久，就有淡紫的花陆续绽放枝头，配色淡雅清新，花香悠远甜美。因此，“危险”的楝树还是被人类巴巴培育成常见的行道树。

在南方多地，人们会在马路一边种楝树，另一边种相思树。这该算人类的行为艺术，还是恶趣味?

苏铁 | 无论开不开花，都要结果 |

就在此时节，拨开一株苏铁密集的叶片，你很可能见到一窝“凤凰蛋”。

中国北方的苏铁极难“开花”，而中国南方是苏铁的原产地之一，这里的苏铁成熟后几乎每年都能“开花”。

当然，苏铁是古老的裸子植物，没有普通意义上的花。夏季，雄性苏铁长出小孢子叶球，似玉米棒，这是“雄花”；秋季，雌性

【小名片】

苏铁，苏铁科苏铁属裸子植物。有根、茎、叶和种子，没有花这一生殖器官。叶呈羽状，从茎顶部生出，一般长75~200厘米，厚革质。雌雄异株，“雄花”为小孢子叶球，黄褐色；“雌花”为大孢子叶球，浅黄色，紧贴于茎顶；种子卵圆形，熟时红色。

【寻访坐标】湖南省森林植物园等地

【文】彭雅惠 【图】田超

苏铁长出球形大孢子叶球，覆盖黄色绒毛，这是“雌花”。花期过后，“雌花”球体内密密麻麻长出果子，成熟后约鸡蛋大小，朱红鲜嫩，被称作“凤凰蛋”。

常山 | 暗处，有蓝宝石在发光 |

冬日里的动植物都追逐日晒取暖，而它却静默地躲开阳光直射，在背阴处发出幽蓝的光——

灌木丛茂密绿叶间半遮半掩露出钴蓝色果子，薏米大小，数颗攒成一簇。即使没有光照，这些小果子也莹莹发亮，像藏在暗处的蓝宝石。

这是常山，一种与绣球花是“亲戚”的木本植物。大自然中，艳丽的蓝色很可能意味着有毒。事实上，常山的确全株具有毒性。

但古代国人经过探索摸清了常山毒性，中医利用它治疗疟疾，民间则用它为书和衣服驱虫防蛀。

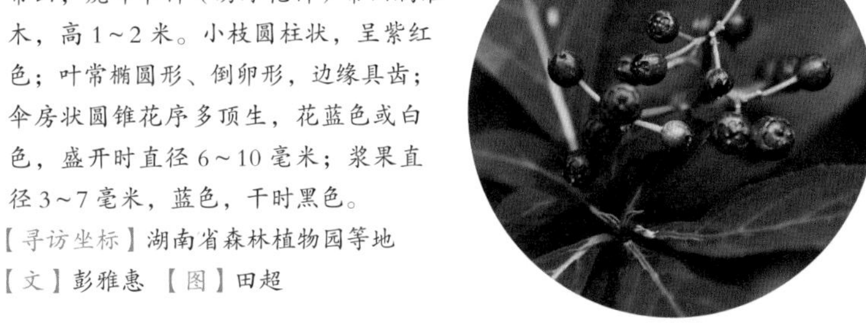

【小名片】
常山，虎耳草科（绣球花科）常山属灌木，高1～2米。小枝圆柱状，呈紫红色；叶常椭圆形、倒卵形，边缘具齿；伞房状圆锥花序多顶生，花蓝色或白色，盛开时直径6～10毫米；浆果直径3～7毫米，蓝色，干时黑色。
【寻访坐标】湖南省森林植物园等地
【文】彭雅惠 【图】田超

Part.21
第二十一章

大雪

雪至此盛，休养生息。

雪并不一定会落下，但天气更冷了，强冷空气连连出现，北方大部分地区『千里冰封』，而南方很多地区，却依然草木葱茏，与北方的气候相差很大，不过强冷空气也会带来霜冻，甚至降雪。

此时，竟还有五彩蝴蝶缓缓飞舞，等待回暖之日；许多罕见的冬候鸟悄然现身，倚靠潇湘丰美物产越冬。

而人们，则宜早睡晚起，躲避严寒。

鸡矢藤

枝枝蔓蔓的牵挂。

【图】田超

一候
鹖鸥不鸣
以完整的姿态，
度过生命的寒冬。
琉璃蛱蝶

独一无二，多少人孜孜以求。

而琉璃蛱蝶天生就这样独特，蛱蝶科琉璃蛱蝶属内的蝴蝶，全世界记载只有它一种。

虽然独特，但在湖南不罕见，哪怕已入大雪节气，留心寻找依然可寻其踪迹。

很多人以为，在华中地区，蝴蝶不能越冬，其实不然。多数蝴蝶会赶在天气转冷前产卵于植物茎干，以卵的形态越冬；以毛毛虫形态过冬的也有，那些毛毛虫可以爬到土壤里避寒、吐丝卷叶缩进叶片筒子，蛇眼蝶的幼虫最无畏，它们毫无遮掩地直挺挺趴在叶片上忍冻过冬；大部分凤蝶以蛹的形态越冬；还有少数寿命较长的蝴蝶，当然不可能变回幼虫或蛹，它们就以蝴蝶形态越冬，有些迁徙到更温暖的地方，有些就地找个避风处，收紧翅膀御寒，阳光明媚时晒个日光浴，安心等到春天再次起舞。

琉璃蛱蝶选择就地过冬。它们生活在山林，独来独往，飞行速度快得超过人们对蝴蝶的想象。对于不经意的人来说，它们像

【小名片】
琉璃蛱蝶，广布于亚州古北区及东洋区，出没于3—12月，飞行迅速，有领域性，喜访花及吸食树液、动物粪便。翅表黑色，亚外缘有一蓝紫色宽带纵贯前后翅，此带在前翅端分断为两点，外横线至亚外缘间翅色较淡；雌雄色彩斑纹相似。

【寻访坐标】八大公山国家级自然保护区等地

【文】彭雅惠 【图】叶子

一道蓝色闪电转瞬即逝，根本来不及辨识。短暂停歇时，琉璃蛱蝶露出黑褐驳杂的翅腹，与冬季的砂石地面和焦枯落叶融为一体，肉眼很难分辨。

只有当日光暖洋洋洒下，琉璃蛱蝶放下警惕展平翅膀，你一瞬间就会感到蝶如其名——黑丝绒般的翅面熠熠生辉，亚外缘一道莫兰迪蓝紫色带纵贯全翅，阳光下异常鲜明。

黄钩蛱蝶 | 耐心等待，温暖终会回归 |

经冬的蝴蝶似乎有点木讷，行动比夏秋季的蝴蝶慢很多。

黄钩蛱蝶是最常见的“木讷蝴蝶”之一。午后阳光里，它们最大限度地展开翅膀，金黄的底色上，分布着猎豹斑状的黑色斑点。人靠近，黄钩蛱蝶也不急忙逃走，任由参观。

蛱蝶科蝴蝶中，有一类前翅顶角外凸并向下延伸呈钩状，被统称为钩蛱蝶，黄

【小名片】
黄钩蛱蝶，中型蛱蝶，背面翅面橙褐色，前翅中室基部有1个黑斑、中部2个黑斑、室端1个长方形黑斑、外侧数个黑斑；腹面模拟枯叶颜色，随季节而变化，后翅中室端有白色钩状斑。成虫常年可见，喜吸食树汁。幼虫寄主植物为葎草等。

【寻访坐标】常德市壶瓶山国家级自然保护区等地

【文】彭雅惠 【图】叶子

钩蛱蝶是其中一种。从夏到秋，它们一批批化蛹，最后羽化的一批直接面对冬天到来，只能以成虫形态就地越冬。太冷时，黄钩蛱蝶会躲进墙壁缝隙或石头下面，伪装成枯叶，等待回暖的一天。

宽边黄粉蝶 | 因为你，冬天有了春的气息 |

黄粉蝶是全球分布最广的蝴蝶之一。湖南城乡，初冬都能见到宽边黄粉蝶的身影，鲜黄粉嫩，带几点褐色小斑，妥妥的暖色调，相当可爱。

这么弱小的蝴蝶能抵御严寒吗?

宽边黄粉蝶一般会停歇在密集植被的叶子背面，借助叶片保持一些体温，看似纤弱的躯体所蕴含的生命力，远比我们想象的强悍。

当然，此时也有宽边黄粉蝶的幼虫在越冬。这些幼虫呈长条状，生活在寄主植物的叶片表面或茎干处，远看和寄主叶片或茎干的形状较相似，极难发现。

【小名片】

宽边黄粉蝶，粉蝶科黄粉蝶属中的一种，分布广泛。寄主为含羞草科、大戟科、苏木科、金丝桃科等的植物。幼虫在黑荆树羽叶上越冬，翌年2月中下旬开始化蛹，3月上旬始见成虫。成虫常取食植物花蜜补充营养。

【寻访坐标】常德市壶瓶山国家级自然保护区等地

【文】彭雅惠 【图】叶子

二候 虎始交

每年秋冬，黑鹳都奔着洞庭湖湿地丰富的水生资源和芦苇荡的温暖而来。

半边湖守护着一种黑色长腿水鸟

长身玉立，涉水而过，黑色羽毛随光线闪烁出绿、紫、青铜的光泽，黑鹳是神秘而优雅的水鸟。每年秋末冬初，都有小群黑鹳奔着洞庭湖湿地丰富的水生资源和温暖的芦苇荡而来。

黑鹳属广泛分布于欧、亚、非洲大陆的典型湿地鸟类，野生种群分散且数量稀少，是评价国际重要湿地的重要生态指示物种之一。黑鹳在我国属易危物种和国家一级重点保护鸟类。在我国北方地区和俄罗斯东部繁殖的种群，主要迁到中国长江以南越冬。

湖南洞庭湖区是黑鹳非常重要的越冬地，其中在西洞庭湖的黑鹳越冬种群最多可达 70 余只，是其在东亚最大的越冬种群。

西洞庭湖历来涨水为湖，退水为洲，冬季洲滩众多，水生生物资源丰富，为黑鹳等众多的珍稀水鸟提供了优越的越冬环境。

西洞庭湖的半边湖是黑鹳最为集中的越冬点，2015 年 2 月，湖南省环保志愿服务联合会同西洞庭湖国家级自然保护区联合在此建立了“中国首个民间黑鹳守护站”，吸引了大批的志愿者投入到黑鹳及其越冬栖息地的保护宣传与守护活动中来。

近年来，随着湖南省生态文明建设与湿地环境的不断改善，黑鹳也曾出现在常德石门壶瓶山、浏阳株树桥水库等地。

【小名片】

黑鹳，鹳形目鹳科鹳属大型涉禽。体态优美、体色鲜明、活动敏捷、性情机警，成鸟体长为 1～1.2 米，体重 2～3 千克，嘴长而粗壮，头、颈、脚均甚长，嘴和脚红色。身上的羽毛除胸腹部为纯白色外，其余都是黑色。

【寻访坐标】岳阳集成麋鹿省级自然保护区等地

【文】周月桂 【图】张京明

彩鹮 | 像一道奇异的光照亮水面 |

当一只彩鹮出现在湘东一处普通的池塘里，栗紫、铜绿的羽毛在阳光下变幻出绚丽的光泽，一切都变得不那么普通，像被一道奇异的光照亮。

2020年底，一只彩鹮在湘潭雨湖区的一片藕塘被人发现。自那以后，这片藕塘就成为摄影爱好者的网红打卡地。每天都有人架着摄影器材，对准这只彩鹮。

彩鹮在我国极为稀少，主要分布于非洲、欧洲南部等地，在中国的分布范围十分狭窄、零散，且数量稀少。

【小名片】
彩鹮，鹳形目鹮科彩鹮属鸟类，体长48～66厘米。嘴长而下弯，近黑色，头部除面部裸以外皆被羽，通身大体深栗色带绿、紫闪光。主要栖息在河湖及沼泽附近，性喜群居，以水生昆虫、虾、甲壳类、软体动物等小型无脊椎动物为食。
【寻访坐标】东洞庭湖等地
【文】周月桂 【图】张京明

普通鸬鹚的样子看起来并不普通。

黑黑的眼睛黑黑的头，黑黑的脚爪黑黑的翅膀，黄黄的嘴巴带着尖尖的弯钩。小孩子往往会被这些捕鱼的黑色大家伙们吓住，却又充满好奇。

它的命运也有些不普通。在我国，驯化鸬鹚捕鱼的历史已有数千年，高超的捕鱼技艺，让它们有“鱼鹰”“鱼老鸹”等别名，也让它们频繁出没在历代诗人笔下。

名字中的“普通”二字，只是物种名称。普通鸬鹚属国家保护的有益的或有重要经济、科学研究价值的野生动物。

【小名片】
普通鸬鹚，鹈形目鸬鹚科鸟类。通体黑色，两肩和翅膀均具青铜色金属反光。繁殖期中，头、羽冠及颈等满杂以白羽。栖息于宽阔水域，善于游泳和潜水，捕鱼为食。一般可潜水 1～3 米，最多达 10 米，时间一般持续 30～45 秒。
【寻访坐标】西洞庭湖国家级自然保护区等地
【文】西米 【图】张京明

三候 荔挺出

栖南栖北皆是客，
此心安处是吾家。

小天鹅

小天鹅，是小时候的天鹅吗？

冬季，湖南的许多水域上演“天鹅湖”，洞庭湖也不例外。

成群的雪白天鹅优雅游弋，从空中俯瞰，就像谁往碧蓝的湖面撒出一斛珍珠。

不少观鸟人分不清天鹅的种类，看到个头小的天鹅说是小天鹅、个头大的就是大天鹅，还有人以为没有长大的天鹅叫小天鹅。

天鹅属在全球一共有 7 个种类。中国有 3 种，分别是大天鹅、小天鹅、疣鼻天鹅。

疣鼻天鹅头部长着鲜红的皮质肉瘤，特征极明显，很容易分辨，而大天鹅和小天鹅则长得非常相像。

资料记载，大天鹅体长 145～165 厘米，小天鹅体长 115～140 厘米，但这样的差别远距离目测根本无法区分。如果两种天鹅待在一起，可以发现小天鹅的脖子相对短一些；但如果它们并没有同时出现，那就很难判断“长颈”是相对长还是相对短。

最保险的方法是看喙。大天鹅的喙以黄色为主、喙尖黑色；小天鹅的喙以黑色为主，喙基部分小范围黄色。

【小名片】

小天鹅，雁形目天鹅属动物的一种，大型水禽，体长 110～130 厘米，体重 4～7 千克。全身洁白，嘴端黑色、嘴基黄色；鸣声清脆，有似“叩，叩”的哨声，不像大天鹅的喇叭一样的叫声。主要以水生植物的叶、根、茎和种子等为食，也吃少量螺类、软体动物、水生昆虫和其他小型水生动物，有时还吃农作物的种子、幼苗和粮食，常呈小群或家族群觅食。

【寻访坐标】东洞庭湖湿地等地

【文】彭雅惠 【图】姚毅

在洞庭湖越冬的天鹅，大多数是小天鹅，很少有大天鹅，截至目前还没有发现疣鼻天鹅。

那有没有黑天鹅呢？理论上应该没有。整个北半球的“原住民”天鹅都为白色，在湖南见到的黑天鹅，全部是人工引进的繁殖种，不在中国野生动物名录中。

灰雁 | 冬日懒散的生活，多么美妙 |

“问世间，情为何物，直教生死相许？”

《神雕侠侣》里动人心魄的情诗，其实写的是两只大雁的爱情。

700多年前，金朝诗人元好问路遇一对大雁殉情而死，感慨写下《摸鱼儿·雁丘词》，这一句流传千古。

冬季，这些忠贞的大雁几乎都可在洞庭湖一展风采。其中，

【小名片】
灰雁，鸭科雁属中型游禽，体长70～90厘米，寿命可达17年。以各种水生和陆生植物的叶、根、茎、嫩芽、果实和种子等为主食，有时也吃螺、虾、昆虫等。一夫一妻制，雌雄共同参与雏鸟的养育。

【寻访坐标】东洞庭湖湿地等地

【文】彭雅惠 【图】叶子

灰雁看上去最平平无奇，通体灰褐，腹有横纹，喙和腿呈肉粉色。但它们的杀伤力非同寻常，是打架的行家。

在野外，一群灰雁围攻狐狸、黄鼠狼等小型肉食动物很常见，灰雁群体内部也时常打斗不休。

骨顶鸡 | 身披黑衣，踏浪而歌 |

冬季湿地有一种骨顶鸡，体量与家鸡相仿，但全身纯黑，额甲一块乳白，视觉冲击力非常强。

因头部白色额甲，它们又被叫作“白骨顶”，不过，白额甲并非骨质，而是坚韧有弹性的皮肤组织，骨顶鸡通过其形状不同相互识别。

骨顶鸡会飞，却飞不远也飞不长，它们最擅长的其实是游泳和潜水。骨顶鸡脚爪子很大，长有叶状瓣蹼，能轻松地划水前行，也能在各种水生植物上行走，如同练了轻功，遇到危险时，还能踏浪奔逃。因此，人们将骨顶鸡评为“最会游泳的‘鸡’”。

【小名片】
骨顶鸡，秧鸡科骨顶属鸟类。头具额甲，白色，端部钝圆；跗蹠短，趾均具宽而分离的瓣蹼；体羽全黑或暗灰黑色，多数尾下覆羽有白色，两性相似。善游泳，能潜水捕食小鱼，游泳时前后摆动，遇有敌害能较长时间潜水。
【寻访坐标】岳阳君山采桑湖等地
【文】彭可心 【图】叶子

Part.22
第二十二章

冬至

冬至，一阳初动处，万物未生时。

天蒙蒙亮时，洞庭湖湿地的芦苇丛深处，水鸟鸣叫声已经响成一片。

大批冬候鸟在洞庭湖开启悠闲的越冬生活，在水面游来游去、四处觅食，吃撑了便一动不动地开始打盹。

本是万物萧条的季节，枸骨、火棘的红果子依旧鲜艳夺目，着实令人欢喜。

反嘴鹬

轻盈的身体乘着寒冷的气流，
越过千山暮雪。

【图】张京明

一候 蚯蚓结

猫儿刺、老虎刺、鸟不宿、八角刺、狗骨刺……枸骨来者不善，调皮的小朋友小心了。

枸骨

来者不善！调皮的小朋友小心了

枸骨，俗称枸骨冬青、猫儿刺、老虎刺、鸟不宿、八角刺、狗骨刺等。这些俗名听起来，是不是哪个都不怎么友善？

只要你瞥一眼枸骨的叶子，就会恍然大悟。枸骨的叶子边缘常生有 5 个尖硬刺齿，先端 3 个，中央刺齿常反曲，基部两侧各具 1~2 个刺齿，确实有点来者不善、张牙舞爪的样子。

满树叶刺穿空，连鸟儿都怕扎脚，不敢来此歇脚停息或筑巢留宿，这大概就是枸骨被称为鸟不宿的原因吧。但有些贪吃的鸟儿，实在是抵挡不住那红果的诱惑，冒险前来享用美餐。

有刺的枸骨在农村颇受欢迎，它们被种在菜园或鱼塘的周边，形成一道天然的绿篱，鲜艳霸气而让人不敢靠近。听闻有人剪下它的枝条，用来吓唬不太听话的小朋友，也算是一种很有威慑力的“教鞭”了。有一种无刺枸骨是枸骨的园艺品种，在城市园林中十分常见，由于叶缘无刺，对观赏它的人来说更为友好，也不用担心小朋友在玩闹中被刺伤。

枸骨是野生于长江中下游地区的常绿灌木或小乔木。湖南各地均有野生资源，常生于海拔 700 米以下低山丘陵，极耐贫瘠。湖南省内各地亦有广泛栽培。

【小名片】
枸骨，属冬青科冬青属常绿灌木或小乔木。树皮灰白色，光滑。叶互生，硬革质，四方状长圆形或卵形，先端具 3 枚刺状硬齿，两侧具 1~2 对三角状尖硬刺状齿。果球形，鲜红色。花期 4—5 月，果期 9—12 月。

【寻访坐标】各田野乡村、花卉大市场

【文】徐永福 【图】西米

经揉搓后干燥的嫩叶名“枸骨茶”，干燥的叶名“枸骨叶”，具养阴清热、补益肝肾之效。干燥成熟的果实名“枸骨子”或“功劳子”，可补肝肾、止泻。

火棘 ┃唯有霜雪，使这果子由涩变甜，变成一支支焰火，举在冬日萧条的山林里┃

萧条的冬日里，火棘宿存的红果子密密麻麻，美而可食，是可以放进嘴里的冬日“小确幸”。

火棘之名，大约源于红果满枝红如火，枝又具棘刺。根据现

【小名片】
火棘，又称火把果、状元红、救军粮，属蔷薇科火棘属常绿灌木。具枝刺。产秦岭以南，南至南岭，西至四川和云南，东达沿海地区。喜光，极耐干旱瘠薄。春季花色洁白，秋冬红果累累，经久不落，极具观赏价值，可作盆景和绿刺篱。
【寻访坐标】各花卉大市场
【文／图】徐永福

代科学研究，火棘果富含花青素、维生素、胡萝卜素、脂肪酸、矿质元素和膳食纤维等成分，具有美容养颜、预防三高、缓解便秘、延缓衰老等功效，故火棘果又有“袖珍苹果”之称。

如今，火棘果很少被直接食用，而更多地用于园林观赏或制作盆景。火棘果实红艳，经久不凋，可持续到春节。

褐毛杜英 | 冬日山林里留存的一份酸甜念想 |

在湖南的山林里，此时节有一种正在成熟的野果，形似橄榄，核似桃核，熟透时，果肉轻软酸甜，口感带粉，具有一丝酒味，乡人俗称“冬桃”或“橄榄”。结出这种野果的树木，是一种常绿乔木——褐毛杜英。

冬季，褐毛杜英树上的果实，大多不会熟透，一般都是采回家，放几天才能吃，就像我们刚买回来硬的猕猴桃一样，放几天，熟透、变软才好吃。不熟的褐毛杜英果实，酸涩难以下口。

湖南、江西、广东北部等地区广泛栽培。

【小名片】
褐毛杜英，又称冬桃，属杜英科杜英属常绿乔木。嫩枝、叶下面、叶柄及花序均被褐色绒毛。核果椭圆形，内果皮坚骨质，多沟纹。花期6—7月，果期8月至翌年4月。

【寻访坐标】田野乡村

【文/图】徐永福

二候 麋角解

凫鹥在泾，福禄来成。

斑嘴鸭

斑嘴鸭，它们是中国家鸭的祖宗？

洞庭湖湿地，芦秆晃动，群鸟振翼。一排斑嘴鸭整齐地飞出，麻灰身体融入灰茫茫的天地，而明黄的嘴端和鲜红的脚掌让人眼前一亮。

这种啼不婉转、貌不惊人的野鸭子，就因为与生俱来的嘴尖黄斑，得了个“斑嘴鸭”的名字。其实，在我国古代，它们还有个更文艺的名，唤作花斑夏凫。我猜测，“花斑”也许是指它们展翅，双翼各有一块蓝绿色、阳光下隐约闪现紫色光泽的翼镜。

国外的鸟类学家认为家鸭由绿头鸭驯化而来，而我国鸟类学泰斗郑作新则在《中国动物志・第二卷・鸟纲・雁形目》中，做了家鸭是由绿头鸭和斑嘴鸭驯化而来的结论。

鸭属鸟类比较原始，生殖隔离不完全，因此后代杂交可育。斑嘴鸭和绿头鸭生活在相同区域，体型大小几乎一样，叫声也一样，尤其是雌绿头鸭，外形上与斑嘴鸭非常相像，主要区别仅在于雌绿头鸭的嘴全部呈黄色，而斑嘴鸭只有嘴尖有黄斑，其余部分呈黑色。

在洞庭湖越冬的一些野鸭，比如各类潜鸭、秋沙鸭，是潜水

【小名片】
斑嘴鸭，雁形目鸭科鸭属水鸟，体长 50～64 厘米，体重约 1 千克，雌雄羽色相似。通常栖息于淡水湖畔，亦成群活动于江河、湖泊、水库、海湾和沿海滩涂盐场等水域。鸭脚趾间有蹼，但很少潜水，善于在水中觅食、戏水和求偶交配。
【寻访坐标】洞庭湖湿地等地
【文】彭雅惠 【图】叶子

高手，常常整个钻进水里神出鬼没。而同为野鸭的斑嘴鸭却不善于潜水，它们在水上休息的时候，会将头反放在自己的背上，然后将嘴巴插进翅膀中；在水中觅食时，会一个“倒栽葱”，把头颈没进水里，圆滚滚的身体和一小撮尖毛翘起的尾巴则浮在水面。

白眼潜鸭 | 冷眼看浮生 |

雄性白眼潜鸭，天生一双豆大白眼，在深栗色大脑袋衬托下，格外突出。所以，不论什么时候人们看到雄白眼潜鸭，它们都在一直“翻白眼”，有一种“冷眼看浮生”之感。雌性白眼潜鸭的眼睛却很“正常”，不会“翻白眼”。

外表高冷的白眼潜鸭实则胆小、谨慎，需要人类与它们保持较远的距离才能安心。它们大多时候会在水草和芦苇附近活动，白天漂浮在水面睡觉和玩耍，清晨、黄昏定时觅食，取食湖中时会收拢翅膀，将头伸进水里，非常淡定地撅起屁股。

【小名片】
白眼潜鸭，雁形目鸭科潜鸭属中型野鸭，体长 33～43 厘米，体重一般低于 1 千克。怯生谨慎，成对或成小群活动于河口及沿海潟湖。杂食性，主要以水生植物和鱼虾贝壳类为食。
【寻访坐标】洞庭湖湿地等地
【文】彭雅惠 【图】姚毅

赤膀鸭 | 想吃就吃，想睡就睡。越冬生活，逍遥自在 |

赤膀鸭分布广泛，全世界种群数量近500万只。

雄性赤膀鸭的翅膀上，有两块栗红色斑块，当它扇翅膀或者飞起来的时候特别明显，赤膀鸭恰如其名。不过，雌性赤膀鸭身上并没有栗红色斑块，看起来稍微有些平淡。

与绿头鸭的落落大方不同，赤膀鸭性格胆小而机警。它善于飞行，而且飞行的速度很快。一遇到危险，它们会立刻从水草中冲出来，“嗖”地一下就飞不见了，镜头都追不上。

【小名片】
赤膀鸭，鸭科鸭属的中型鸭类，个体较家鸭稍小，体长44～55厘米，体重0.7～1千克。喜食水生植物，常在水边水草丛中觅食。觅食时常将头沉入水中，有时也头朝下，尾朝上倒栽在水中取食。国内主要在东北、西北繁殖，在长江以南大部分地区的水域越冬。

【寻访坐标】洞庭湖湿地等地

【文】彭可心 【图】叶子

三候 水泉动

在钟爱的湿地越冬。

鹤鹬

鹤鹬，一只姓鹤的鹬

冬日，湖南东洞庭湖国家级自然保护区芦花摇曳、水草丰盛，冬候鸟盘旋起落。

成群鹤鹬不远万里从北方冻原迁徙而来，年复一年，带着对洞庭湖美好的向往，准确地降落在喜爱的湿地，在水域浅水处结群活动。

细长的体型，尖尖的嘴巴，修长的腿，名字叫“鹤鹬”，长相也确实和鹤有几分相似。只是相对鹤来说，鹤鹬娇小很多，体长大约 30 厘米，在涉禽中也算是中等个头。

如果“鹤”字诠释了鹤鹬的整体外形，那么鹤鹬的英文名“Spotted Redshank”才是真正的细化了鹤鹬的典型特征。直译过来就是，点斑红脚鹬。

点斑，是辨识鹤鹬最主要的特征，在鹤鹬的繁殖羽上我们能清晰看到遍布在黑色羽翼上的白色点斑。红脚也是十分醒目。在飞翔时，它们的红脚伸到尾巴外，与白色的腰和暗色的上体形成鲜明对比。

洞庭湖边的浅水区域，常见鹤鹬结成小群觅食。它们迈着长长的腿在浅水或浮叶植物上行走，尖尖的嘴巴深入水下觅食，最

【小名片】

鹤鹬，鹬科鹬属的小型涉禽，体长 26～33 厘米。栖息于北极冻原和冻原森林带，主要以甲壳类、软体、蠕形动物以及水生昆虫为食物。在中国仅繁殖于新疆。冬季，鹤鹬的越冬种群广泛分布于湖南境内的湖泊、水库、江河等湿地内。

【寻访坐标】东洞庭湖国家级自然保护区等地

【文】彭可心 【图】叶子

喜欢吃的食物是甲壳类、水生昆虫等。不同于某些䴙䴘类，鹤鹬还能在水中游泳。

鹤鹬的分布范围较为广泛，种群数量趋于稳定，被评为没有生存危机的物种。2000 年，鹤鹬被列入国家林业局发布的《国家保护的有益的或者有重要经济、科学研究价值的陆生野生动物名录》。

灰鹤 | 翼下有千山，万里度春秋 |

500 多只灰鹤似自九天而来，降落在岳阳市屈原管理区凤凰乡的稻田里，安静地觅食。吃饱喝足，灰鹤仰天长啸，高亢、具有穿透力的啸声此起彼伏。人们描述鹤的叫声时除了鹤鸣，还会用

【小名片】
灰鹤，大型涉禽。每年 3 月中旬向繁殖地迁徙，9 月末 10 月初迁往越冬地，常为数个家族组成小群迁飞。以植物为主食，夏季也吃昆虫、蚯蚓、蛙等，栖息于开阔平原、草地，尤为喜欢富有水边植物的开阔湖泊和沼泽地带。
【寻访坐标】岳阳市屈原管理区凤凰乡
【文 / 图】张京明

鹤啸、鹤唳，这是因为鹤颈特别长，气管在龙骨腔内发生了盘曲，好像喇叭的构造一样，富于共鸣，叫声洪亮。《诗经》中说："鹤鸣于九皋，声闻于天。"

目前，中国存在的 9 种鹤全部是国家级保护动物。灰鹤分布较广、数量相对更多，为国家二级保护动物。

燕雀 | 小小的躯壳，大大的勇气 |

《史记 · 陈涉世家》里有句喟叹："燕雀安知鸿鹄之志哉！"这句话中的"燕雀"当是泛指身体小巧的雀形目鸟类。事实上，我国现存 1445 种鸟类中的 56% 的物种归属于雀形目大家族。可巧的是，在这个大家族中有一种小鸟真的就名为燕雀。

燕雀与麻雀体型接近，算得上是一种壮实型雀鸟。单就燕雀这种"燕雀"而言，它们在飞行上并不比"鸿鹄"志短，依靠强大的长距离飞行能力，每年燕雀可在整个欧亚大陆为自己找到不同时期适合的生存环境。

【小名片】

燕雀，雀科燕雀属小型鸟类。繁殖期 5—7 月，栖息于阔叶林、针叶阔叶混交林和针叶林等各类森林中。除繁殖期间成对活动外，其他季节多成群。在我国除宁夏、西藏、青海、海南外，各省均有分布，在湖南属冬候鸟。

【寻访坐标】浏阳市龙伏镇捞刀河畔

【文】彭雅惠 【图】张京明

Part.23
第二十三章

小寒

小寒时处二三九，天寒地冻冷到抖。

山胡椒的叶枯而不脱落，等待着来年春天的到来；蜡梅的嫩黄花瓣随风摇摆，沁出腊月最高洁的清香。

中华秋沙鸭和东方白鹳从东北千里迢迢赶来湖南过冬，丝光椋鸟热热闹闹互相招呼着进食。

小寒虽寒，望春则暖。踏雪寻梅间，春意已在冰雪中悄然酝酿了。

大天鹅

一片湖水有了天鹅，
就有了灵气。

【图】张京明

一候 雁北乡

喜树的果实被发现时，常让人产生『这是什么』的疑惑。

喜树

喜欢你的“喜”，内心欢喜的“喜”

喜树，名字跟喜鹊一样，寓意美好，门口种上一棵，预示着开门见喜，如能引来喜鹊筑巢那就更加喜气洋洋了。

初见喜树，是瞥见了地上的一团黄色，还以为是某种多肉植物。拿起来细看，好像有很多熟透的小香蕉长在果序轴上，聚成球状，有如莲花，抬头一看，十几米高的树上果实累累，这也许就是它“旱莲木”“千丈树”“野芭蕉”等别名的由来。

每年 5 月至 7 月，喜树会开出白色小毛球一样的花序，长出青色的果实，随后像香蕉一样由青转黄，有的掉落在地上让人产生“这是什么”的疑惑，有的一直挂在枝头风干变成黑色。冬天叶片落尽，枝头还密布着黑色小毛球一样的果实。

在中医学里，喜树果还是一味有名的药材，用于治疗癌症、白血病等病症。现代科学研究发现喜树全株，包括果实、根、树皮、树枝、树叶均含有一种重要的抗癌成分——喜树碱。药用化学家针对其抗癌特性，研究出了多种合成喜树碱和各种衍生品。因为这种成分，喜树显得更加珍贵，1999 年被列为第一批国家重点保护野生植物。

【小名片】
喜树，属蓝果树科喜树属落叶乔木。树皮灰色或浅灰色，浅纵裂。叶互生，纸质，长圆状卵形或椭圆形；头状花序近球形，常数个组成总状式的复花序，顶生花序具雌花，腋生花序具雄花；果序头状，翅果长筒形，顶端具宿存的花盘，两侧具窄翅。花期 5—7 月，果期 9—11 月。产于长江流域以南各地，南至华南；常生于海拔 1000 米以下林边或溪边。

【寻访坐标】永州市双牌县理家坪车龙村

【文】西米 【图】徐永福

蜡梅

一岁最冷的时节，冬天最深的缝隙里，总是飘出一缕蜡梅香

蜡梅盛放于隆冬苦寒时，带来最纯粹的一缕冷香、最清丽的一抹蜜蜡色。人们一般将蜡梅视作梅花，但在植物分类学上，蜡梅自成一科，与蔷薇科梅花亲缘甚远。蜡梅不是梅，就像熊猫不是猫一样。蜡梅属于蜡梅科，梅花属于蔷薇科。无论是“蜡梅”亦或是“腊梅”，现已基本通用。

湖南野生蜡梅资源较丰富，主产于湘西及湘西北海拔 1200 米以下石灰岩山地，如沅陵、石门、桑植、张家界、吉首、永顺、保靖、溆浦等县市，省内其他地区多广泛栽培。

【小名片】
蜡梅，又称腊梅，属蜡梅科蜡梅属落叶灌木。花期 11 月至翌年 2 月，果期 6 月。产秦岭以南，至南岭及西南各省区，生于海拔 1100 米以下溪边、山地疏林林缘或灌丛中。冬季开花，花黄如蜡，清香四溢，为我国冬季珍贵观赏花木。

【寻访坐标】湖南省森林植物园

【文】徐永福 【图】张京明

山胡椒

在冬季，像一堆枯柴一样屏声敛息，蓄积力量，静待春发

冬日山野间，常可以看到一种叫“假死柴”的植物，叶枯而不脱落，似乎是一把干柴，全无生气。此物大名山胡椒，是多年生落叶灌木或小乔木，冬季仅叶子枯死，枝条依然存活，第二年春天，新叶萌发，顶掉老叶，又重焕发活力。

山胡椒的叶为何枯而不落？我猜测，是枯萎的老叶还储存一些营养能量，可以保护叶腋里的冬芽安全过冬，同时输送给树体供冬季生长。

湖南野生山胡椒资源十分丰富，广泛分布于湖南省海拔 1400 米以下丘陵及山地荒坡、灌丛或疏林下。

【小名片】

山胡椒，又称假死柴，属樟科山胡椒属落叶灌木或小乔木。花期 3—4 月，果期 7—8 月。叶及果实可提芳香油，作食品及化妆品香精；根、枝、叶、果均可药用，有祛风湿、消肿、解毒、止痛之效。

【寻访坐标】各乡野山村

【文 / 图】徐永福

中华秋沙鸭

鹊始巢

二候

它们嬉戏于冬日水面，像一幅国画，
对自己的美丽和珍贵完全不自知。

一只有国风气质的鸭

中华秋沙鸭飞起来的时候，就像一幅国画，通体黑白两色，头部有飘逸的黑色冠羽，身体两侧有中国风的鳞状纹路，再加上朱红色的尖嘴，仙风道骨，美而不俗。

它是第三纪冰川期残留下来的少数北方物种之一，是鸟类中的活化石，是中国特产稀有鸟类，被称作“国鸭”“鸟中大熊猫”，为国家一级重点保护野生动物，具有很高的保护与科学研究价值。中华秋沙鸭对环境要求很高，是湿地生态环境的重要指示物种。

湖南是此种珍禽最重要的越冬地之一，每年秋冬季节，从东北千里迢迢赶来湖南过冬。近年来，从广阔的洞庭湖区到湘江及支流水系，乃至一些大型山区水库均发现过它们的身影。壶瓶山国家级自然保护区自 2008 年首次记录中华秋沙鸭以来，每年均有中华秋沙鸭现身。

湖南壶瓶山国家级自然保护区管理局和中南林业科技大学野生动植物保护研究所调查显示，近年来在石门县越冬的中华秋沙鸭种群数量逐年呈增加趋势，越冬种群数量已达 100 余只，石门县已经成为湖南省该物种越冬种群数量最多的一处重要越冬地。

【小名片】

中华秋沙鸭，鸭科秋沙鸭属鸟类，俗名鳞胁秋沙鸭，是中国的特有物种。嘴形侧扁，前端尖出，与鸭科其他种类具有平扁的喙形不同。出没于林区内的湍急河流，有时在开阔湖泊。成对或以家庭为群。潜水捕食鱼类。分布于西伯利亚以及我国福建、黑龙江、吉林、河北、长江以南等地，主要栖息于阔叶林或针阔混交林的溪流、河谷、草甸、水塘以及草地。该物种的模式产地在中国。

【寻访坐标】洞庭湖湿地等地

【文】周月桂 【图】姚毅

丝光椋鸟

| 椋鸟们毫不介意冬日的阴冷，它们热闹了城市的天空 |

冬天的城市上空，如果忽然看到一大群体型不大的鸟飞过，翅膀上白斑闪动，那多半是丝光椋鸟或灰椋鸟了。

热衷于过集体生活的椋鸟，不太在乎冬天气氛的清冷，常常在小区的香樟树上，一起起飞，一起降落，热热闹闹互相招呼着进食。

丝光椋鸟是湖南留鸟。不过，春夏季节它们多在乡村分散繁殖。到了冬季，香樟树的果实成熟了，长沙城市绿地为椋鸟越冬提供了优越的越冬环境，集群过冬的椋鸟就成为城市冬日天空喧闹的主角。

【小名片】
丝光椋鸟，椋鸟科椋鸟属鸟类，体长 20～23 厘米，嘴朱红色，脚橙黄色。喜结群于地面觅食，取食植物果实、种子和昆虫，爱栖息于电线上、丛林及农耕区。在中国主要分布于华南，自陕西、河南、安徽、江苏至广东、海南，西至四川、云南等地。

【寻访坐标】各城市公园景区或居民区

【文】周月桂 【图】张京明

鹗是顶级掠食者，单兵作战的勇士，它们上天入水，无所不能。可以提着“战利品”腾空飞起，也能尾随猎物潜至 1 米以下的水中进行追捕。

《山海经》中记录道：“钦化为大鹗，其状如雕而黑文白首，赤喙而虎爪，其音如晨鹄，见则有大兵。”真实的鹗，没有红色的喙，但具利爪羽冠，自有王者霸气。鹗的脚趾有锐爪，趾底布满齿，可以像钳子一样牢牢地抓住黏滑的鱼。

鹗是国家二级重点保护动物，作为猛禽中公认的捕鱼好手，鹗也被称作鱼鹰。近年来，洞庭湖偶有发现。

【小名片】
鹗，隼形目鹗科鹗属仅有的一种中型猛禽。体长 51～64 厘米，体重 1000～1750 克。头部白色，头顶具有黑褐色的纵纹，枕部的羽毛稍微呈披针形延长，形成一个短的羽冠。头的侧面有一条宽阔的黑带，从前额的基部经过眼睛到后颈部，并与后颈的黑色融为一体。
【寻访坐标】南洞庭湖湿地水域
【文】周月桂 【图】姚毅

三候
雉始鸲
鹳鸟高大优美，气度不凡，衬得起鹳雀楼的气势和名声。
东方白鹳

东方白鹳，“鹳雀”是个什么鸟？

国人小时候最先背诵的三首诗里，大概都会有王之涣的《登鹳雀楼》的一席之位。

鹳雀楼位于黄河东岸，始建于北周时期，时为一座军事戍楼，气势宏伟，视野开阔。“鹳雀”又是个什么鸟呢？

三国时陆玑所著《毛诗草木鸟兽虫鱼疏》曾有过解释：“鹳，鹳雀也。似鸿而大，长颈赤喙，白身黑尾翅。树上作巢，大如车轮，卵如三升桮……”

陆玑在这里所说的鹳鸟并非一种鹳，而是东方白鹳、红嘴鹳、黑鹳、白颈鹳、红鹳、灰鹳等鹳鸟的统称。

其中，“白身黑尾翅”是东方白鹳的典型特征，高大优美，气度不凡，颇衬鹳雀楼的气势。除了在繁殖期成对活动外，其他季节东方白鹳大多组成群体活动，特别是迁徙季节，常常聚集成数十只，甚至上百只的大群。觅食时常成对或成小群漫步在水边或草地与沼泽地上，步履轻盈矫健，边走边啄食。

白鹳属国家一级重点保护动物，而分布于亚洲的东方白鹳原先被视为白鹳的一个亚种，后来被提升为种，导致东方白鹳至今在国家级重点保护动物名录中处于缺失地位，然而其在我国的脊椎动物红色名录中属濒危物种，具有极高的生态保护价值。

【小名片】

东方白鹳，鹳科鹳属大型涉禽。主要以小鱼、蛙、昆虫等为食。性宁静而机警，飞行或步行时举止缓慢，休息时常单足站立。在东北中、北部繁殖。

【寻访坐标】南洞庭湖湿地等地

【文】周月桂 【图】张京明

东方白鹳越冬地主要集中在长江中下游的湿地湖泊，近年来在洞庭湖屡被发现，但数量十分稀少，可谓越冬鸟类中的珍禽。

鸿雁 | 是传书的那只雁吗？|

“雁尽书难寄，愁多梦不成。”“云中谁寄锦书来，雁字回时，月满西楼。”

古诗中有大量关于鸿雁传书的意象，然而，鸿雁传书只是一种美好的想象。古人受限于落后的交通与通信方式，关山阻隔时，却见鸿雁年年南北来往，仿佛信守约定回乡省亲，于是便生出思乡之情、羁旅之感。

万里层云，千山暮雪，天南地北，碣石潇湘，鸿雁，是古人难以逾越的阻隔，是日日夜夜的思念。

“洞庭秋欲雪，鸿雁将安归。”洞庭湖也是鸿雁的重要越冬地。

【小名片】
鸿雁，鸟纲鸭科雁属的大型水禽。性喜结群，常成群活动，主要栖息于开阔平原和平原草地上的湖泊、水塘、河流、沼泽及其附近地区。鸿雁为植食性动物。
【寻访坐标】南洞庭湖湿地等地
【文】周月桂 【图】张京明

斑尾塍鹬 ｜如果你见到斑尾塍鹬，请记得表达敬意，它向我们展示了最惊人的飞行技能和最顽强的生存意志｜

斑尾塍（chéng）鹬个子不算大，但它们在迁徙过程中，能以每小时五六十千米的速度飞行七八天，“一口气”完成上万千米的飞行旅程，其间不进食、不喝水、不歇息，被称为“巅峰飞行者”。

2007 年 9 月，据报道，鸟类科研人员使用卫星跟踪器监测了一只斑尾塍鹬的雌鸟用了 8.2 天的时间，不吃不喝不睡觉，连续飞行了 11587 千米，斜跨太平洋，从美国阿拉斯加直飞到了新西兰，创造了鸟类不间断飞行的最长纪录。而经历过漫长无间断的飞行之后，斑尾塍鹬体重会减至原来的三分之一。

湖南不是斑尾塍鹬的越冬地，在洞庭湖偶有记录到。如果你见到斑尾塍鹬，该知道它经历了怎样艰苦卓绝的旅程，请离它远一点，让它好好休息。

【小名片】
斑尾塍鹬，鹬科塍鹬属鸟类。体重 245～320 克，体长 326～386 毫米，体型中等。多栖息在沼泽湿地、稻田与海滩，主要以昆虫、软体动物为食。喜欢集小群迁徙，罕见于内陆地区。

【寻访坐标】洞庭湖湿地

【文】周月桂 【图】姚毅

Part.24
第二十四章

一岁终了，盼春归来。

一年的最后一个节气，来到了。

所谓『大寒』，正是天气寒冷到极致的意思。

根据我国气象记录，北方地区大寒没有小寒冷，

而南方地区最冷就在大寒。

民间素来有『大寒迎年』的说法，此时，春节越来越近，

家家户户忙着为迎接农历新年做准备——腌腊肉、备年货、

贴年红、洒扫庭院，添置新衣服……

南天竺、拐枣给天地点缀上红火、甜蜜；

鹰击长空，江豚潜跃，万类霜天竞自由，

在辞旧迎新的准备中，新的轮回即将开始。

山茶

酝酿于寒冬，
捧着满怀春天而来。

【图】张京明

鸡乳
一候
压低枝头的，
不止硕果，
还有冬日的期待。
柿子

“柿柿”如意挂枝头

柿饼是隆冬时节的美食，用当年新摘柿子做成的柿饼甜糯绵软，令人欲罢不能。

还没被摘下时，柿子挂在树上，沉甸甸、红彤彤，压弯了枝条，远远望去，如同一个个最传统的红灯笼，在寒风凛冽的冬日里让人心生暖意。

春夏之交，柿子树健壮枝条的叶腋间会开出淡黄色、宛如小灯笼的花朵，等到花落，再结出小柿子，藏在枝叶之中。秋天，柿子树的叶随秋风掉落，只留下红彤彤的柿子。秋冬之交，柿子成熟，令人垂涎。

据文献记载，柿子树作为果树，至少有 2400 年的栽培历史，自古以来就备受人们喜爱。

霜降前后采摘柿子是最适宜的，民间有“霜降不摘柿，硬柿变软柿”的说法。

但新鲜柿子不易保存，为了不浪费天赐美食，许多种柿子的

【小名片】
柿子树，柿科柿属落叶大乔木，原产于我国长江、黄河流域，各省、区多有栽培。树冠球形或长圆球形。花雌雄异株，花序腋生，为聚伞状花序。喜温暖气候，排水良好的土壤。柿子可提取柿漆，用于涂渔网、雨具，填补船缝和作建筑材料的防腐剂等。在医药上，柿子能止血润便，缓和痔疾肿痛，降血压；柿树木材材质较优，可作纺织木梭、线轴，又可作家具、箱盒、装饰用材和小用具、提琴的指板和弦轴等。

【寻访坐标】郴州市桂东县沤江镇金洞村等地

【文】彭可心 【图】张帆

农户会制作柿饼。一枚枚鲜红剔透的果子，削皮后洗净，再用结实的长线穿成一串串，或者用簸箕晾晒。冬日暖阳下，一排排穿好的柿子如帘幕，接受阳光的照耀，农家房前屋后到处都有晾晒的柿子，也成为特别的丰收图。

柿子甜美，营养价值也很高，但不能空腹食用，也不能短时间内食用过多，还忌与蟹、酒同食，糖尿病患者和患有严重龋齿者也最好远离。

南天竹 | 剪碎蓝绡盖绿丛，珊瑚叠砌玉玲珑 |

在萧条冬季，见到红果累累，总让人生出格外多的惊喜。南天竹就是惊喜源头之一。

当大串红玛瑙似的浆果组成红色瀑布闯入眼界，那八成就是你遇到了南天竹。从初夏开始，青绿小果球攀上枝头；入了秋渐渐转红，直到冬日渐深，它们依然稳稳挂坠枝干，还红得愈发光鲜亮丽，实力诠释了“经久不衰”一词。

【小名片】
南天竹，小檗科南天竹属常绿小灌木。茎光滑无毛，幼枝常为红色，老后呈灰色；叶互生，三回羽状复叶；圆锥花序直立，花小，白色，具芳香；浆果球形，直径5～8毫米，熟时鲜红色，稀橙红色。花期3月至6月，果期5月至12月。
【寻访坐标】湖南省森林植物园等地
【文】彭雅惠 【图】田超

在我国，南天竹被赋予“吉祥、长寿”的寓意，虽然也称作“竹”，但实际上是小檗科植物，与“岁寒三友”中的禾本科竹子并无太大关系。

枳椇 | 甜美的生活，永远不在外表 |

冬天，枳椇树枝上会挂满棕褐色果实，它们弯弯曲曲，如树枝、如鸡爪，被形象地称为“鸡爪子”“拐枣”。

“颜值”不高，可能使不熟悉拐枣的人对它提不起兴趣，可只要放进嘴里嚼一嚼，那甜蜜的滋味肯定能让人上瘾。

拐枣含丰富糖分，每 100 克果肉含糖量达 45%，因此枳椇有“糖果树”之名，是非常理想的制糖、酿酒、制作蜜饯和罐头等食品的原料。

不过，实际上我们吃的拐枣并非枳椇果实，而是它的果柄。真正的枳椇果实小如豌豆，坚硬而干燥。

【小名片】
枳椇，鼠李科枳椇属高大乔木，高 10～25 米，小枝褐色或黑紫色，叶互生，厚纸质至纸质，宽卵形、椭圆状卵形或心形，浆果状核果近球形，成熟时黄褐色或棕褐色，种子暗褐色或黑紫色，花期 5 月至 7 月，果期 10 月至 12 月。

【寻访坐标】湖南省森林植物园等地

【文】彭可心 【图】喻勋林

二候
征鸟厉疾

鹰击长空，
万类霜天竞自由。

普通鵟

普通鵟，有多狂

白天的城市，到处是神色匆匆的人和走走停停的车，人们没有时间也没有心情长时间关注天空。就在人们未曾注意时，或许会有一道影子乘风而过：它舒展羽翼，散开扇尾，毫不费劲地翱翔苍天。其嚣张的姿态，一看就知道是鹰，令人心生敬畏。

这只鹰头小眼大，虹膜金黄或橘黄，上体深红褐色，脸侧有栗色髭纹，下体淡褐且有深棕色斑纹，尾部有多道暗色横斑，大腿光杆儿没有毛。这是湖南最常见的鹰之一——普通鵟。

在鸟类中，名字里带“普通”二字的通常是指其在类群中最常见和分布最广，比如普通鸬鹚、普通秋沙鸭、普通夜鹰、普通燕鸥等，“普通”并不意味着它们比其他同属鸟缺乏特色。

单看鹰击长空的姿态，普通鵟还挺“狂”。实际上，与苍鹰、红隼、游隼等同样能生活在城市的猛禽相比，普通鵟动作相对较慢而笨拙，甚至在与伯劳、喜鹊等“暴躁鸟”发生冲突时，也不一定能占到上风。

虽然偶尔“有点怂”，猛禽却始终站在食物链高端。普通鵟

【小名片】

普通鵟，鹰科鵟属中型猛禽，体长 54～59 厘米。体色变化较大，上体主要为深红色，下体主要为暗褐色或淡褐色，具深棕色横斑或纵纹，尾淡灰褐色，具多道暗色横斑。翱翔时两翅微向上举成浅 V 字形，尾散开呈扇形。主要栖息于山地森林和林缘地带，从海拔 400 米的山脚阔叶林到 2000 米的混交林和针叶林地带均有分布，常在开阔平原、荒漠、旷野、开垦的耕作区、村庄上空盘旋翱翔，以鼠类为主食，食量甚大，也吃蛙、蜥蜴、蛇、野兔、小鸟和大型昆虫等。

【寻访坐标】洪江市清江湖国家湿地公园等地

【文】彭雅惠 【图】叶子

不动声色地在城市上空冷冷注视芸芸众生，用它们至少比人类好 8～10 倍的视力，从 2000 米高空分辨和瞄准地面的鼠、蛙、蜥蜴、蛇、野兔和低空的小鸟。在这些生与死的较量、追与逃的律动之间，世界更加生机勃勃。

游隼 | 风驰电掣，快意一生 |

鸟类中有许多以“快”著称的“闪电侠”，游隼是其中之一。它们平均飞翔速度一般保持在每小时 140 千米左右，并不算很快，而在俯冲时，其最快速度可达每小时 389 千米，超过其他所有“闪电侠”，这速度连高铁也追不上它。

一只捕猎的游隼会展开长而尖的双翅，睁圆金黄眼睛，锁定猎物时先升高占据空中的制高点，然后收拢双翅俯冲，如黑色闪电劈空而下。在 389 千米 / 时的高速冲击下，遭受这样的击打如同被子弹击中，被攻击者基本会立即被击落，毫无反抗之力。

【小名片】
游隼，隼科隼属中型猛禽，共有 18 个亚种，体长 41～50 厘米，翼展可超过 1 米，体重 647～825 克。翅长而尖，眼周黄色，颊有一条垂直向下的黑色髭纹，头至后颈灰黑色，其余上体蓝灰色，尾具数条黑色横带。
【寻访坐标】邵阳武冈市云山国家森林公园
【文】彭雅惠 【图】叶子

雀鹰 | 强悍地生活 |

说起猛禽，人们潜意识便勾勒出大个头轮廓，毕竟身大力不亏。实际上，湖南大型猛禽并不多，更多的是小个猛禽，比如雀鹰，体长一般30～40厘米，这样的个头比喜鹊等大个鸣禽还小。

单纯从外表看，雀鹰绝对是“小可爱”，其体型级别看不出任何威胁，而且羽色相当漂亮——雄鸟上体灰蓝，胸腹部具红色横纹；雌鸟有白色眉纹，上体棕褐。

实际上，雀鹰的攻击力非常可怕，从静止起飞，2秒内就能达到50千米/时的最高进攻速度。猎物看见它们时已经无法逃脱。

【小名片】
雀鹰，小型猛禽，雌较雄略大，翅阔而圆，尾较长。雄鸟上体暗灰色，具细密的红褐色横斑；雌鸟灰褐色，头后杂有少许白色，下体具褐色横斑。一般单独生活，以较小鸟类、昆虫、鼠类、野兔、蛇等为食。

【寻访坐标】郴州市桂东县三台山森林公园等地

【文】彭雅惠 【图】叶子

长江江豚

三候

水泽腹坚

愿它们永带微笑，
游弋于长江、
洞庭湖，千年、万年。

长江中的微笑天使

长江江豚，是长江特有的古老而珍稀的物种。因为性情温和，嘴部弧线天然上扬呈微笑状，被称为长江的“微笑天使”；它不仅是长江中现存唯一的水生哺乳动物，也是全球唯一的淡水江豚。

老一辈洞庭湖人称长江江豚为“江猪子”，从前常常能看到它们成群结队在江中畅游，这些平日里抬头不见低头见的“邻居”，后来却越来越稀少。

长江江豚被称为“水中大熊猫”，但事实上它们的数量却比大熊猫要少得多，生存风险也更加严峻。作为长江的代表性珍稀物种，江豚种群命运的起伏，记载了长江生态兴衰的历史。

长江是世界上水生生物最为丰富的河流之一。然而，在过去几十年快速、粗放的经济发展模式下，长江的水生态环境持续恶化、水生生物资源严重衰退。

江豚是远古时代留给我们的基因档案，更是长江完整生态系统的一部分。随着洞庭湖全面加强监管与保护，江豚数量有所增长，目前稳定在110头左右。

【小名片】

长江江豚，哺乳纲鲸目鼠海豚科江豚属哺乳动物，俗称“江猪”，我国一级重点保护野生动物。体型较小，头部钝圆，额部隆起稍向前凸起；吻部短而阔，上下颌几乎一样长。全身铅灰色或灰白色，体长一般在1.2米左右，最长的可达1.9米，貌似海豚。寿命约20年。性情活泼，常在水中上游下窜，食物包括青鳞鱼、玉筋鱼、鳗鱼、鲈鱼、鲚鱼、大银鱼等鱼类和虾、乌贼等。分布在长江中下游一带，以洞庭湖、鄱阳湖以及长江干流为主。

【寻访坐标】长江湖南段、洞庭湖等地

【文】周月桂 【图】徐典波

2021年1月1日0时起，湖南境内长江湖南段、洞庭湖、湘资沅澧“四水”干流等水域，全面实行“十年禁渔”。

渔民上岸，江豚回家。对于湖中濒危的江豚来说，这次禁渔将是一次重要的休养生息的机会。

红嘴相思鸟 | 湖南“省鸟”，一度被世人视为“爱情鸟” |

湖南的烟民应该还记得一种叫“相思鸟”的湖南烟，红色的烟盒上有一对相依相偎的鸟儿，那就是红嘴相思鸟了。这种娇小的鸟总是成对出现，羽色艳丽、鸣声动听，一度被世人视为“爱情鸟”。

红嘴相思鸟广布于湖南的中高海拔山区，是湖南省的本土鸟类。2007年，湖南启动省鸟评选，在多轮网络投票中，红嘴相思鸟均以高票稳居榜首。网友评价：“此鸟最相思。”

【小名片】
红嘴相思鸟，雀形目鹟科画眉亚科鸟类。留居在长江流域以及江南广大地区。体长约15.5厘米，为色艳可人的小巧鹛类，具明显红嘴。生活在平原至海拔3000米的山地，常栖居于常绿阔叶林、常绿和落叶混交林的灌丛或竹林中，很少在林缘活动。

【寻访坐标】浏阳市大围山国家森林公园等地

【文】周月桂 【图】茹扬凯

水草丰茂、气候温暖的洞庭湖流域，自古是麋鹿的理想栖息地。

麋鹿在中国灭绝了近百年，直到 1985 年才重新引入，大多处于半散放和圈养的状态。1998 年，长江中下游流域发生特大洪水。湖北石首保护区的部分麋鹿顺江而下自然迁移到洞庭湖，在东洞庭湖国家级自然保护区形成了稳定增长的野生麋鹿种群。

湖南先后从大丰保护区、北京南海子麋鹿苑引入了多头麋鹿进行基因交流。经过多年的保护，东洞庭湖麋鹿种群数量由以前的 10 多头发展到 200 多头。

【小名片】
洞庭麋鹿，偶蹄目鹿科麋鹿属哺乳动物，世界珍稀动物，因为头脸像马、角像鹿、蹄子像牛、尾像驴，又被称为“四不像”。体长 170～217 厘米，雄性肩高 122～137 厘米，雌性 70～75 厘米，体型比雄性略小。性好合群，善游泳，以嫩草和水生植物为主要食物。

【寻访坐标】岳阳华容县集成麋鹿保护区等地

【文】周月桂 【图】张京明

后记 Postscript

2021 年，湖南日报新湖南客户端有了一个新栏目，每天在新湖南客户端上推出一个湖南本土物种，以日历的形式，呈现湖南的生物多样性。

该栏目推出后，迅速吸引了一批忠实读者，形成了一定的影响力。随后，栏目得到湖南省林业局的大力支持，拥有了更多智库力量，并在湖南省委宣传部的关心指导下，湖南日报社与湖南科学技术出版社通力合作，集合精锐编辑力量，以栏目素材为基础，进行深度加工和再创作，出版了本书。

中南林业科技大学的喻勋林、徐永福、张志强、肖炜、吴磊等老师，湖南省森林植物园的牟村、吴思政等多位专家，以及东洞庭湖国家级自然保护区管理局总工程师姚毅、长沙心近自然机构的叶子等，为本书提供了最宝贵的智力支持。张京明、田超、辣椒、潘学兵等摄影老师提供了大量精美的图片。

特此致以感谢！

谢谢你们！爱自然的人，总会相遇！

图书在版编目（CIP）数据

湖湘自然历 / 湖南日报社编著 . —长沙：湖南科学技术出版社，2022.3
ISBN 978-7-5710-1485-8

Ⅰ . ①湖…　Ⅱ . ①湖…　Ⅲ . ①自然资源—介绍—湖南
Ⅳ . ① P966.264

中国版本图书馆 CIP 数据核字（2022）第 028422 号

HUXIANG ZIRANLI
湖湘自然历

编　　著：湖南日报社
出 版 人：潘晓山
责任编辑：胡艳红　李　媛　邹　莉
装帧设计：谢　颖　蒋　艳
出版发行：湖南科学技术出版社
社　　址：长沙市芙蓉中路一段 416 号泊富国际金融中心
网　　址：http://www.hnstp.com
湖南科学技术出版社天猫旗舰店网址：
http://hnkjcbs.tmall.com
邮购联系：0731-84375808
印　　刷：长沙艺铖印刷包装有限公司
（印装质量问题请直接与本厂联系）
厂　　址：长沙市宁乡高新区金洲南路 350 号亮之星工业园
邮　　编：410604
版　　次：2022 年 3 月第 1 版
印　　次：2022 年 3 月第 1 次印刷
开　　本：780mm × 1092mm　1/32
印　　张：11
字　　数：180 千字
书　　号：ISBN 978-7-5710-1485-8
定　　价：68.00 元